中朝克拉通东部壳幔结构：来自核爆地震资料的约束

张晓青　徐　涛　白志明　陈立春◎著

ENIGMATIC CRUSTAL AND UPPER MANTLE STRUCTURE IN THE EASTERN SINO-KOREAN CRATON AND SURROUNDING AREA BASED ON NUCLEAR EXPLOSION SEISMIC DATA

中南大学出版社
www.csupress.com.cn
·长沙·

作者简介

About the Author

张晓青 女，博士，桂林理工大学博士后。2022 年 9 月毕业于中国科学院地质与地球物理研究所，获固体地球物理学专业博士学位，主要从事基于深地震测深方法的壳幔结构成像研究等。在国内外学术刊物以第一作者身份发表学术论文 3 篇，其中被 SCI 收录 2 篇。

徐　涛 男，博士，中国科学院地质与地球物理研究所研究员，博士生导师。研究工作以地震观测为基础，完成了人工源深地震测深近 2000 km 剖面观测、宽频带流动台站逾 1000 km 剖面观测；发展了复杂地质模型的建模及地震射线追踪方法；将野外观测、方法创新、壳幔结构成像相结合，开展了中国典型构造域的人工源与天然源地震探测及壳幔精细结构成像工作。已主持国家重点研发计划“深地资源勘查开采”重点专项项目 1 项、国家自然科学基金项目 5 项、中国地质调查局项目 1 项。并参加了中国科学院战略先导性专项、国家自然基金创新群体、深部探测技术与试验研究专项（SinoProbe02，SinoProbe03）、国家重点基础研究发展计划项目（973）等多项基金项目。曾获第八届青藏高原青年科技奖（2011 年）、中国地质学会“2010 年度十大地质科技进展”（2011 年）、“2015 年度十大地质科技进展”（2016 年）。现已在国内外期刊发表论文 100 余篇（其中被 SCI 收录 40 余篇）。

白志明 男，博士，中国科学院地质与地球物理研究所副研究员，硕士生导师。主要从事壳幔精细结构重建及地壳流体检测工作。近年来，先后主持国家自然科学基金项目，参与中科院知识创新工程重要项目、国家重点基础研究发展计划项目（973）等课题。共发表论文 40 余篇。

陈立春 男，博士，桂林理工大学教授，博士生导师。主要研究方向包括活动构造与古地震、地震中长期预测，地震地表破裂样式模拟与应用。主持完成财政部和地震局行业专项专题、中国地震局地质研究所院所长基金和地震应急专项子课题等纵向研究课题8项；主持西气东输、川藏铁路等重大工程地震安评与活断层地震危险性评价等横向研究课题8项。发表论文40余篇，其中第一作者论文14篇。

内容简介

Introduction

克拉通是地球上最稳定的构造单元，其刚性的岩石圈在很大程度上能够抵御后期各种地质作用的改造和破坏，在从古至今大陆拼合和裂解的演化过程中扮演着重要角色。随着地球科学的发展，人们意识到克拉通并非绝对地保持长期稳定，也可能被破坏和改造，因此，对稳定的克拉通为何被“破坏”、如何被“破坏”、已经“破坏”到何种程度等一系列科学问题的研究成为探究大陆构造演化机制的钥匙和完善地球科学演化体系的新突破点。中朝克拉通东部先后经历了周边板块的多次俯冲，构造背景复杂，其现今的地壳-地幔深部结构为多期次俯冲作用叠加后的结果，是研究克拉通空间分布、形成过程、改造和“破坏”程度及其动力学机制的天然实验室。本书在综述中朝克拉通东部已有的地质、地球物理研究基础上，系统总结了深地震测深成像方法的基本原理，详细阐述了全球现有核爆源深地震测深剖面成像的结果及认识；并重点基于全国宽频带固定地震台站及部分流动台站所记录的朝鲜第六次核爆波形数据，利用深地震测深方法，开展中朝克拉通东部壳幔精细结构成像工作。本书为认识中朝克拉通“破坏”的程度及可能的动力学机制提供了新证据，对探究克拉通“活化”的过程，讨论洋-陆相互作用等克拉通“活化”的机制，丰富板块构造理论等有着重要意义。

本书包含核爆源深地震剖面处理的应用实例，可供地球深部结构成像和克拉通破坏等相关领域的研究人员参考；同时，也可作为高等院校相关专业的教师、研究生和高年级本科生的教学参考用书。

前言 / Foreword

克拉通下方的地幔具有明显的分层性，目前已知的主要地幔间断面包括岩石圈内部间断面、岩石圈–软流圈分界面、莱曼间断面和地幔过渡带的顶底界面等。这些间断面的存在体现了地幔的垂向非均匀性，其形成原因与地球内部岩石矿物的各向异性分层、化学分层、交代作用、部分熔融、相变、水合作用、脱水等息息相关。因此，研究地幔中各类间断面的深度、结构、起源等是认识地球内部物理化学性质的重要途径，有助于回答克拉通的形成与演化、板块构造活动过程及其动力学机制、行星壳幔系统的分异等关键科学问题。中朝克拉通先后经历了周边板块的多次俯冲，构造背景复杂，是研究克拉通空间分布、形成过程、改造和“破坏”程度及其动力学机制的天然实验室。其现今的地壳–地幔深部结构为多期次俯冲作用叠加后的结果。开展中朝克拉通深部结构研究对于揭示克拉通“活化”的证据，讨论洋–陆相互作用等克拉通“活化”的机制，丰富板块构造理论等有着重要意义。

相较于被动源地震成像方法，如远震接收函数成像、近震/远震体波层析成像、地震/背景噪声面波层析成像等，人工源地震成像方法，尤其是深地震测深方法垂向分辨率高、对界面结构(速度/深度)敏感，可同时利用多重(折射/反射/散射)震相振幅到时信息，交叉约束得到深部精细速度结构。然而，传统以人工爆破为源的深地震测深剖面，由于受到爆破当量的限制，通常只能记录地壳，最多深至上地幔顶部的信息。以核爆为源的深地震测深剖面完美地弥补了这一缺陷，能清晰记录来自地壳、地幔甚至更深部的折射、反射、散射震相信息。

在国家重点研发计划“深地资源勘查开采”重点专项课题

“胶辽地区岩石圈深部结构”子课题(2016YFC0600101)、国家自然科学基金(42130807)和桂林理工大学科研启动经费(RD2200002903)的联合资助下，我们收集了中国国家地震台网和部分流动台站记录的2017年9月3日朝鲜核爆地震波形资料，利用射线追踪方法和反射率法分析了中朝克拉通东部及其邻区5个不同方位的长偏移距(约2500 km)深地震测深剖面所记录的高频P波反射/折射震相的到时和振幅特征，反演获得了中朝克拉通东部及其邻区高垂向分辨率的一维地壳及上地幔速度结构，并提出可能形成中朝克拉通东北缘现今特殊地壳及上地幔结构的动力学模型，为研究中朝克拉通东北缘岩石圈“破坏”的程度提供了新认识。

全书分为6章：第1章介绍中朝克拉通东北缘地质背景、主要地球物理研究成果及朝鲜核爆地震资料研究进展；第2章概述了深地震测深剖面成像原理及剖面资料常规处理流程；第3章详细总结了全球基于核爆源深地震测深剖面的研究成果及认识；第4章介绍了朝鲜核爆源深地震测深剖面的数据情况，并展示利用该资料开展震相到时反演和正演合成理论地震图工作的具体处理流程和结果。第5章结合本研究的结果和已有地质地球物理资料，讨论中朝克拉通东北缘特殊地壳上地幔结构的可能形成原因，以及中朝克拉通现今的“破坏”程度。第6章总结主要认识，并提出了下一步工作设想。

在本书即将出版之际，衷心感谢多年来一直给予笔者关心和支持的同事、朋友和学术同仁！感谢中国地质科学院Thybo Hans和Artemieva M. Irina教授对本书提出的许多宝贵建议！感谢国家数字测震台网数据备份中心在地震数据方面提供的支持和帮助！最后，感谢中南大学出版社编辑们的辛勤劳动！

本书源于科学研究，受笔者个人水平限制，难免有不妥之处，恳请读者批评指正！

目录

Contents

第1章 绪 论

1.1 研究目的及意义

大陆约占地球表面积的1/3，为人类提供了赖以生存的场所及资源。大陆的形成机制和演化过程是“行星科学”发展中亟待解决的最重要和最根本的科学问题之一。克拉通和造山带是组成大陆的两种基本地质单元(T. H. JORDAN, 1975, 1978)。其中，克拉通本质上为前寒武纪形成的稳定陆块，拥有低热流值、低密度、低含水量的厚岩石圈根(I. M. ARTEMIEVA and W. D. MOONEY, 2002; C. T. A. LEE et al., 2011; C. J. O'NEILL et al., 2008)。克拉通的刚性岩石圈使其在很大程度上能够抵御后期各种地质作用的改造和破坏，成为地球上最稳定的构造单元，并在从古至今大陆拼合和裂解的演化过程中扮演着重要角色(J. J. W. ROGERS, 1996; J. J. W. ROGERS and M. SANTOSH, 2003)。

随着地球科学的发展，人们意识到克拉通并非绝对地保持长期稳定，也可能被破坏和改造。放眼全球，西伯利亚克拉通和非洲Kaapvaal克拉通下方的岩石圈根现已稳定存在十多亿年(C. T. HERZBERG, 1993; N. S. C. SIMON et al., 2007; D. A. IONOV et al., 2010)，而亚洲东部的中朝克拉通(R. X. ZHU and T. Y. ZHENG, 2009; R. X. ZHU et al., 2011)、非洲中北部的Sahara克拉通(J. P. LIÉGEOIS et al., 2013)、印度Dharwar克拉通(W. L. GRIFFIN et al., 2009)、北美怀俄明克拉通(T. M. KUSKY et al., 2014; R. DAVE and A. LI, 2016)等已遭受不同程度的破坏、活化或裂解。因此，对稳定的克拉通为何被“破坏”、如何被“破坏”、已经“破坏”到何种程度等一系列科学问题的研究成为探究大陆构造演化机制的钥匙和完善地球科学演化体系的新突破点。国家自然科学基金委曾设立重大研究计划“华北克拉通破坏”，以中朝克拉通中国部分的华北克拉通为切入点，开展了地质、地球物理、地球化学等多学科综合研究(J. F. YING et al., 2006; L.

CHEN et al., 2008; Y. J. TANG et al., 2008; L. ZHAO et al., 2009; Q. K. XIA et al., 2010; G. ZHU et al., 2012; T. Y. ZHENG et al., 2015)，旨在确定华北克拉通“破坏”的时空范围，探讨可能的破坏过程和引起破坏的动力学机制，并试图揭示“克拉通破坏”的机制与本质。

中朝克拉通东部先后经历了周边板块的多次俯冲(S. A. WILDE, 2015; Y. J. LIU et al., 2017)，构造背景复杂，其现今的地壳-地幔结构为多期次俯冲作用叠加后的结果，是研究克拉通空间分布、形成过程、改造和“破坏”程度及其动力学机制的天然实验室。岩石学和地球化学研究能提供反映地壳-上地幔结构和组分的直接证据，但样品空间分布的不均匀性在很大程度上制约了对中朝克拉通现今整体结构的认识(朱日祥等, 2007)。地震学方法利用在地球内部传播的地震波从较大尺度上整体刻画地壳-上地幔的物性参数和几何结构，如接收函数法对深部界面结构敏感(K. G. DUEKER and A. F. SHEEHAN, 1997; V. FARRA and L. VINNIK, 2000; L. P. ZHU and H. KANAMORI, 2000)，远震层析成像法可以获得研究区下方地震波相对速度扰动值(K. AKI et al., 1977; A. M. DZIEWONSKI et al., 1977)等。相较于天然源地震学方法，人工源深地震测深法是获取地震波绝对速度结构的最有效方法(滕吉文等, 1973; 李秋生等, 2001; 吕庆田等, 2014)。且若以核爆为震源，还能克服传统深地震测深法受爆破当量的限制，剖面除了可以记录常规的反映壳内结构的反射/折射震相外，还能记录反映地幔甚至地核结构的深部震相及多次波、散射等特殊震相，从而可获得精细的深部绝对速度结构信息(A. V. EGORKIN and N. CHERNYSHOV, 1983; K. PRIESTLEY et al., 1994; H. THYBO and E. PERCHUĆ, 1997; L. NIELSEN et al., 2002; N. I. PAVLENKOVA, 2011)。

本书借鉴前人对核爆源深地震测深剖面的认识，通过分析以朝鲜核爆为震源的深地震测深超长剖面，研究中朝克拉通东北缘的精细地壳-上地幔结构，厘定中朝克拉通“破坏”的空间分布，分析其“破坏”的程度。本研究从人工源宽角反射/折射探测方法的角度为认识克拉通“破坏”的程度及可能的动力学机制提供了新证据，对讨论洋-陆相互作用等克拉通“活化”的机制，丰富板块构造理论等有着重要意义。

1.2 中朝克拉通东部地质背景

中朝克拉通(SKC)是一个笼统的概念，它由中国的华北克拉通(NCC)和朝鲜半岛北部的狼林地块组成，是地球上最古老的克拉通之一(D. Y. LIU et al., 1992)。地质学家在该区域发现有超过 3.8 Ga 的残留岩石与物质，表明中朝克拉通至少具有 38 亿年的漫长历史。ZHAO 等基于克拉通内部岩性、构造、变质和年代学的差异(G. C. ZHAO et al. , 1998, 2001, 2005)将华北克拉通细分为三部分，即东部陆块(太古宙陆核)、西部陆块(古元古代陆核)和中部造山带。图 1.1 详细展示了克拉通基底构造单元的划分情况。其中，中朝克拉通东北缘主要包括燕山盆地、渤海湾盆地、胶辽吉造山带、狼林地块等构造单元。陆块基底岩石主要以高级地体或中-低级花岗绿岩体形式出露，包括晚太古代 TTG 片麻岩(2.9~2.7 Ga 时期，因大量基性火山喷发形成)、新太古代花岗绿岩带(2.5 Ga 时期华北各微陆块碰撞缝合带)、古元古代(2.2~2.0 Ga)火山岩、沉积岩和花岗岩等。

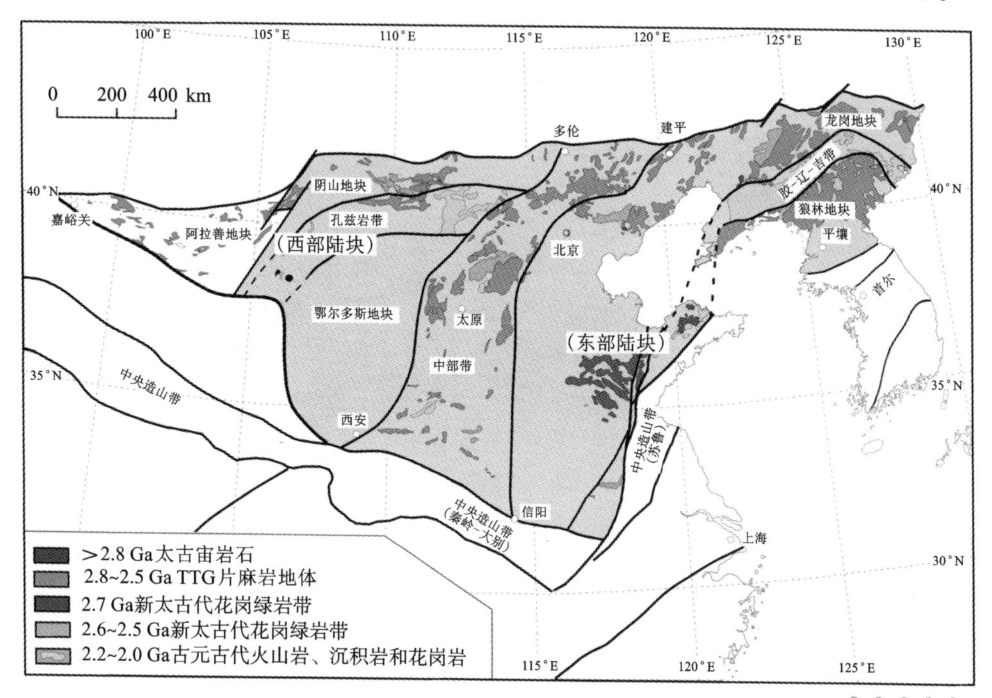

图 1.1 中朝克拉通早前寒武纪基底岩石分布和构造单元的划分

(引自 G. C. ZHAO et al. , 2012)

扫一扫，看彩图

对金伯利岩中所含石榴石和尖晶石的研究表明，东部陆块和西部陆块在太古代时期独立演化，于古元古代(约 1.8 Ga)时发生碰撞拼合形成统一的克拉通后，直至早古生代一直处于构造稳定状态(Y. G. XU, 2001; S. GAO et al. , 2002; G. C. ZHAO et al. , 2005; R. X. ZHU et al. , 2011)。然而，自中生代以来，中朝克拉通先后经历了来自周边板块的多次俯冲(图 1.2)。早古生代，古特提斯洋和扬子板块开始向北俯冲，于三叠纪与华北克拉通碰撞并形成秦岭—大别—苏鲁高压-超高压变质岩带；华南陆块的向北俯冲使得华北克拉通南缘发生了后陆变形，形成 NWW—SEE 向褶皱带。郯庐断裂带也于此时形成，并以陆内转换断层的形式将大别与苏鲁高压-超高压变质带左行错开(G. ZHU et al., 2009)。晚古生代，北部古亚洲洋开始向南俯冲，二叠纪末华北克拉通与蒙古地块发生碰撞(W. J. XIAO et al., 2003)，侏罗纪时期蒙古—鄂霍兹克洋关闭(Y. A. ZORIN, 1999)，华北—蒙古陆块与西伯利亚克拉通拼合形成中亚造山带。由于在晚古生代至早中生代受到北部板块汇聚挤压的影响，华北克拉通北缘阴山—燕山构造带形成了近东西向的褶皱带(张长厚等，2011)和部分火山弧岩浆岩(P. JIAN et al., 2010)。中生代以来，古西太平洋板块(Izanagi)向东亚大陆高速斜向俯冲(S. MARUYAMA et al., 1997)，在克拉通东部形成了NNE走向的郯庐左行走滑断裂带，以及一系列平行的左行走滑断层。随着古西太平洋俯冲板块的后撤，中国东部的构造演化发生了由挤压为主到伸展为主的重大转折。由于中国东部正处于各期俯冲作用的交汇区，因此这些大尺度构造活动的叠加作用对其构造演化产生了重大影响。

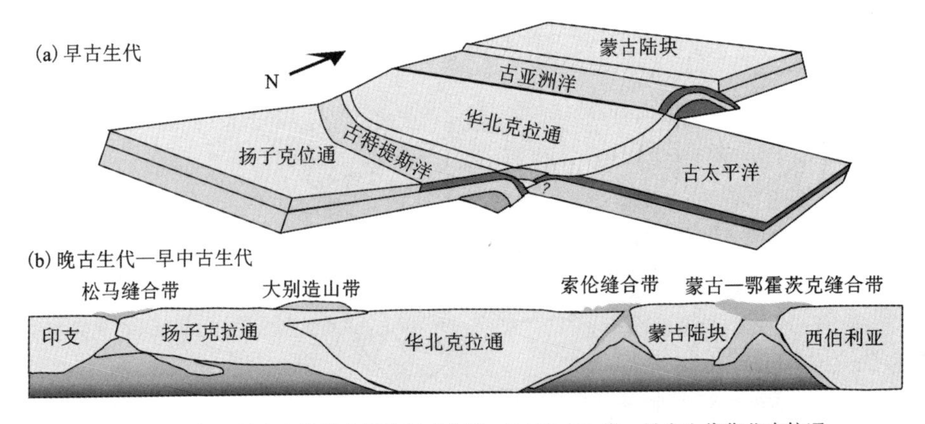

(a)华北克拉通早古生代周边板块相对位置；(b)晚古生代—早中生代华北克拉通南缘和北缘受到相邻板块的俯冲作用。

图1.2　华北克拉通受周边板块俯冲作用示意图(引自汤艳杰等，2021)

1.3　中朝克拉通东部及邻区地球物理研究进展

地震波因能反映地下介质的温度、流变性质等物性信息，自20世纪初便已成为探测地球内部结构的重要手段(L. MINTROP, 1947; W. D. MOONEY, 1989)。基于震源性质的不同，地震波探测方法可以分为天然源地震探测和人工源地震探测两种。其中，基于人工源的地震探测方法主要为深地震测深法和深反射地震法，二者的成像分辨率均很高，可分别约束壳幔深部速度结构和几何结构。而基于天然源的地震探测方法，具体可细分为远震接收函数成像、近震/远震体波层析成像、地震/背景噪声面波层析成像、全波形反演、剪切波分裂等。不同地震学方法因所采用的地震波类型、频率和处理手段不同，所以对深部结构的敏感度和分辨率存在差异。

1.3.1 地壳结构

自20世纪末，前人在中朝克拉通东部及邻区陆续开展了大量深地震测深剖面研究，并获得了部分主要构造单元的地壳和上地幔P波速度结构。其中，华北盆地平均地壳厚度约为33 km，上地幔顶部P波速度为7.95~7.98 km/s；燕山隆起和裂陷盆地的平均地壳速度分别为6.20~6.30 km/s和5.30~5.80 km/s；渤海湾盆地平均地壳厚度和速度分别为28~32 km和5.30~6.00 km/s，上地幔顶部速度为7.90 km/s；苏鲁造山带平均地壳厚度和速度分别为33 km和6.33 km/s，上地幔顶部速度为8.05 km/s；胶东半岛地壳厚度在31~33 km，上地幔顶部P波速度为8.00 km/s，华北地块北缘莫霍面向NW微倾，深度为35~40 km，平均地壳速度为6.15~6.30 km/s；上地幔顶部的P波速度为7.80~8.00 km/s(L. ZHAO and T. Y. ZHENG，2005；嘉世旭等，2009；王帅军等，2014；S. X. JIA et al.，2014；潘素珍等，2015；Y. H. DUAN et al.，2016；B. XIA et al.，2017；王海燕等，2022)。

T. Y. ZHENG等(2006)在华北克拉通东部渤海湾盆地的P波接收函数波形拟合结果表明，该地区具有沉积盖层厚、地壳薄、速度低以及壳内高低速层水平延展的结构特征，充分表明地壳经历了强烈伸展和减薄；T. Y. ZHENG等(2015)在辽东半岛及邻区的P波接收函数反演结果表明，该地区地壳平均厚度为30~32 km，且下地壳广泛发育低速区，并将其归因为幔源岩浆作用导致地壳重熔和弱化；Z. G. WEI等(2016)基于中国东部宽频带地震波型资料，利用接收函数$H-\kappa$叠加方法得到了中国大陆东部的地壳厚度和壳内平均波速比分布图，结果表明中国东部地壳大致以南北重力梯度带为界，东薄西厚，克拉通东部地区平均地壳厚度约为30 km；泊松比横向变化复杂，渤海湾盆地存在高值异常。各种证据皆指示中朝克拉通东部地壳普遍较薄(<35 km)。

1.3.2 地幔结构

M. J. AN和Y. L. SHI(2006)基于地震波速度反演得到温度数据并进行了热岩石圈厚度计算，最终得到中国大陆的热岩石圈厚度分布图，结果显示中国东部及沿海地区热岩石圈较均匀且较薄，厚度约为100 km。G. Z. JIANG等(2019)基于地幔橄榄岩研究数据更新了中国大陆地表热流值分布图，最新结果表明中朝克拉通东部热流值分布不均，华北盆地和渤海湾盆地处较高，约为70 mW/m^2，克拉通东部其他区域约为55 mW/m^2，而世界典型克拉通地表热流值为40~45 mW/m^2(A. A. Nyblade and H. N. Pollack，1993)，全球大陆平均热流值为65 mW/m^2(G.

F. Davies, 2013）。Y. WANG 和 S. H. CHEN（2012）通过地热反演获得的中朝克拉通东部 1100°C 等温面深度约为 90 km。

L. CHEN 等（2010, 2014）结合华北若干条 S 波接收函数偏移成像剖面，提出重力梯度带东侧的克拉通东部岩石圈厚度普遍较薄（70～100 km），最薄处位于郯庐断裂带附近，且区域内岩石圈厚度变化较平缓。

远震 P 波层析成像研究（e. g.，J. L. HUANG and D. P. ZHAO, 2006；Y. TIAN and D. P. ZHAO, 2011；C. S. HE and M. SANTOSH, 2016）表明华北克拉通东部块体表现为相对小尺度横向速度结构变化，整体地震波速度偏低；地幔过渡带普遍存在高速异常（D. P. ZHAO et al.，2004），且被认为是滞留在地幔过渡带内的古西太平洋俯冲板片。而对中国大陆变形场的研究表明（李延兴等, 2006），太平洋板块俯冲的影响局限于 120° E 以东和 40° N 以北地区。远震 S 波层析成像结果（胡刚等, 2017）显示，华北克拉通东部陆块的 S 波速度在地幔过渡带之上的深度范围均低于全球大陆平均值。面波层析成像结果（何正勤等, 2009；房立华等, 2009）也显示，华北克拉通东部块体 15～60 s 的面波相速度低于全球大陆平均值。

在华北克拉通东部获得的用于研究地壳上地幔形变特征的 SKS 分裂参数（L. ZHAO and T. Y. ZHENG, 2005, 2007；L. F. ZHAO et al.，2013）表明，克拉通东部上地幔存在明显的各向异性。前人研究结果一致显示快波极化方向为 NWW—SEE 向，与板块绝对运动方向基本一致，且认为该区域下方地幔各向异性可能与东侧太平洋板块俯冲引起软流圈物质上涌，进而导致的地幔流有关。

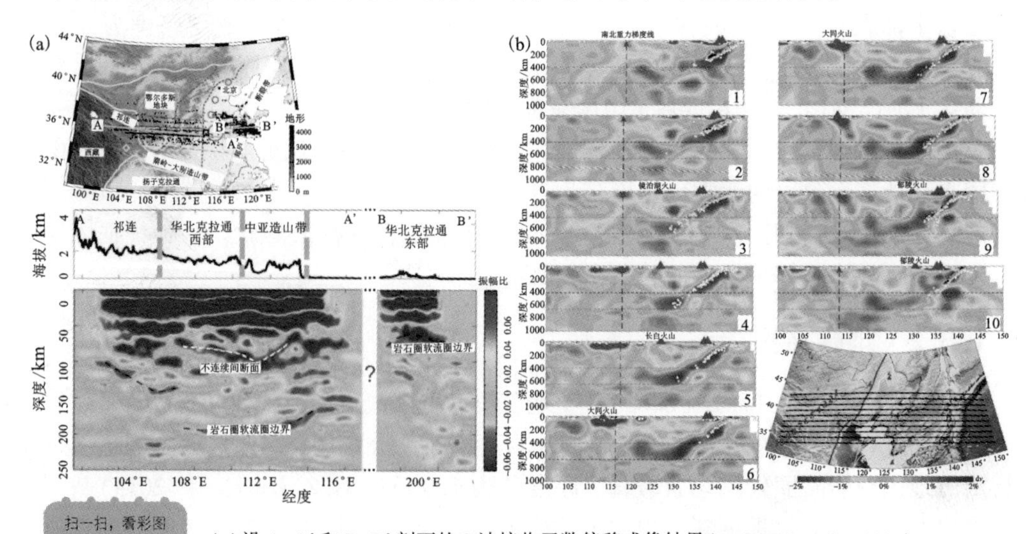

扫一扫，看彩图

（a）沿 A-A' 和 B-B' 剖面的 S 波接收函数偏移成像结果（L. CHEN et al.，2014）。
（b）沿剖面的远震 P 波层析成像结果（D. P. ZHAO, 2021）。

图 1.3　中朝克拉通东部深部结构成像

1.4 朝鲜核爆数据研究现状

中国大陆及周边存在国际上最为复杂的核试验场分布，除苏联在哈萨克斯坦的试验场及中国在罗布泊的试验场外，还包括印度、巴基斯坦、朝鲜等国的试验场，以及数个具有潜在核能力的国家和地区，这些试验场均位于中国地震台网和周边全球地震台网的区域地震监测范围内。近年来，朝鲜在丰溪里试验场先后进行了数次核试验(图 1.4)(国际上近十几年来仅有的地下核试验)，在我国及周边近 3000 km 震中距范围内的地震台网，均留下了完整的高质量宽频带区域地震记录，为依据分析核试验参数提供了宝贵的数据。为方便起见，将 6 次核试验称为 NKT1~NKT6，每次核试验震源参数具体信息如表 1.1 所示。

表 1.1 朝鲜地下核试验震源参数

核爆事件	日期 (yyyy/mm/dd)	时刻 (UTC)	纬度 /(°)N	经度 /(°)E	深度 /km	体波震级	面波震级
NKT1	2006/10/09	01：35：28.00	41.287	129.108	0.360	4.2	2.92
NKT2	2009/05/25	00：54：43.12	41.294	129.078	0.580	4.7	3.65
NKT3	2013/02/12	02：57：71.27	41.292	129.073	0.410	5.1	3.94
NKT4	2016/01/06	01：30：00.96	41.300	129.068	0.570	4.9	4.05
NKT5	2016/09/09	00：30：01.39	41.298	129.080	0.780	5.0	4.23
NKT6	2017/09/03	03：30：02.23	41.303	129.070	0.640	6.3	5.05

针对朝鲜核爆，地球物理学家基于中国及周边台网(全球地震台网 GSN 及日本 F-NET 台网)所记录的 Pn、Pg、Sn、Lg 和 Rg 等区域震相开展了一系列研究，主要包括以下几个方面：

(1)核爆事件识别(W. R. WALTER et al.，2018；W. Y. KIM et al.，2018；X. HE et al.，2018)。爆炸和天然地震的震源过程及震源机制不同，其所产生的地震波因此存在明显差异。爆炸源通常体波震级远大于面波震级(N. D. SELBY et al.，2012)，通过直接比较远震面波震级 m_s 和体波震级 m_b 可较粗略地判别是否为核爆震源。利用高频区域 P 波和 S 波震相的振幅比(W. R. WALTER，1995；A. J. RODGERS and W. R. WALTER，2002；S. R. TAYLOR et al.，2002)可较精准地区分爆炸源与天然地震。图 1.5 为 2017 年核爆记录波形及 2014 年相邻天然地震记录波形对比图，分析可知：天然地震具有较强振幅的 S 波震相，如 Lg 波；而爆炸

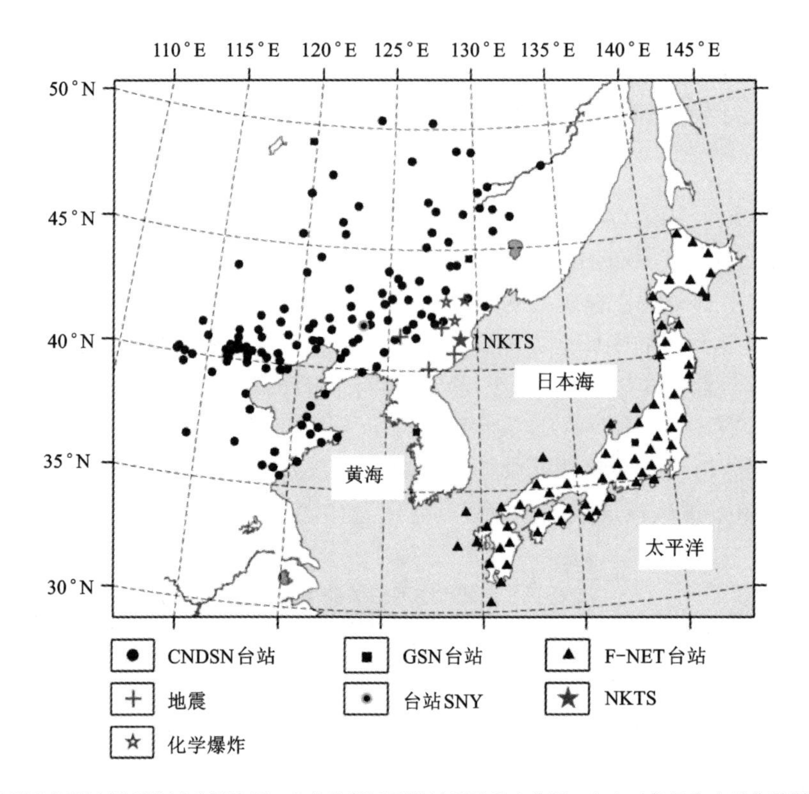

实心五角星为朝鲜丰溪里核试验场位置，十字为邻近天然地震的震中位置，空心五角星为小型化学爆炸事件。

图 1.4　朝鲜核爆和邻区地震、化学爆炸事件位置图(引自谢小碧和赵连锋，2018)

震源具有强振幅的 P 波震相，如 Pn 和 Pg 波，以及短周期面波；两种震源都没有产生明显的 Sn 波。基于两种不同震源表现出的震相特征差异，可以有效判别爆炸、地震及坍塌，比如利用 2~4 Hz 带通滤波后的 P/S 振幅比，可以区分核爆和地震事件，结合 P/S 振幅比及高频 S 波与低频 S 波振幅比，可区分爆炸后的坍塌事件(W. R. WALTER et al.，2018)。

(2)事件定位(J. R. MURPHY et al.，2013；L. X. WEN and H. LONG，2010；L. F. ZHAO et al.，2016)。通过求解核爆震中经纬度、起爆时间与相对 Pn 走时的反问题，获得核爆事件高精度的相对位置(S. J. GIBBONS et al.，2018；X. HE et al.，2018；S. C. MYERS et al.，2018；J. Y. YAO et al.，2018)。

(3)核爆源深度及爆炸当量估计。传统方法是根据标定过的震级-当量经验公式和事件的体波或面波震级来估计核试验的当量。O. W. NUTTLI(1986)在内华达试验场得到的体波-当量经验公式为：

$$m_b(\mathrm{Lg}) = 3.943+1.124\lg(Y)-0.0829(\lg Y)^2 \tag{2.1}$$

式中，Y 为当量，单位为 kt。而在苏联的东哈萨克斯坦试验场，体波-当量经验公

式(J. R. MURPHY, 1996)为:

$$m_b = 4.45 + 0.75\lg(Y) \tag{2.2}$$

在苏联新地岛试验场，体波-当量经验公式(D. BOWERS et al., 2001)为:

$$m_b = 4.25 + 0.75\lg(Y) \quad (Y \geq 1\ \text{kt}) \tag{2.3}$$

$$m_b = 4.25 + \lg(Y) \quad (Y < 1\ \text{kt}) \tag{2.4}$$

已知体波震级，可反推核爆当量(谢小碧和赵连锋，2018)。M. E. PASYANOS 和 S. C. MYERS(2018)利用隧道入口地形及位置信息预估核爆源深度，并分析四种不同的爆炸模型，估算得到2017年核爆当量大致为127 kt(103~150 kt)，爆炸源深度大致为地下600 m深度；基于相对面波 m_s 振幅的研究(J. L. STEVENS and M. O'BRIEN, 2018)估算该次核爆源当量大致为180 kt，位于地下730 m深度；基于Lg波震级的研究(J. Y. YAO et al., 2018)推断爆炸深度大致为770 m，当量大约为(109±49) kt。

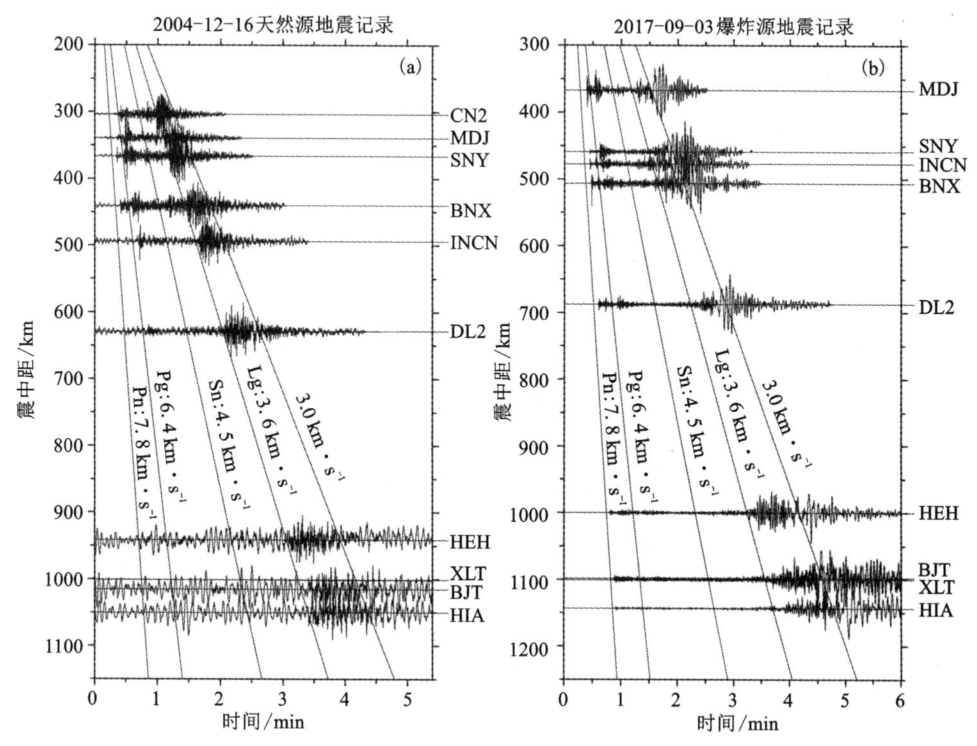

(a)发生在2004年的天然地震所产生的地震波，震中经纬度为41.80°N，127.98°E，体波震级约为4级，震源深度约为10 km。(b)2017年9月核爆产生的地震波。走时曲线表明了不同区域震相的到达时刻。

图1.5 核爆数据及相邻天然地震所产生的区域震相比较(引自谢小碧和赵连锋，2018)

(4)震源矩张量分析(C. ALVIZURI and C. TAPE, 2018; A. CHIANG et al., 2018; J. Q. LIU et al., 2018)。相较于爆炸源爆破持续时间短、局部应力变化大的特点，天然地震断层位错尺度大、破裂时间长，造成相似震级的爆炸和天然地震波形谱拥有不同的拐角频率及高、低频成分比例。理论上，爆炸源为各向同性扩张源，全空间只产生纵波。但通过正演拟合区域波形记录及对事件震源进行矩张量分析可知，核爆源主要为与爆炸相关的各向同性分量，外加与二次源相关的附加成分(爆炸震动所释放的构造应力形成的带有某种辐射花样的剪切波成分(E. ROUGIER et al., 2011)。

(5)Lg 波衰减。地震波的衰减程度常用品质因子 Q 的大小来描述。Lg 波为同时含高频 P 波及 S 波能量的短周期地壳导波(F. PRESS and M. EWING, 1952)，被认为是大陆地壳内高阶面波的叠加(L. KNOPOFF et al., 1973)或 S 波在莫霍面的超临界反射形成的各种反射波的叠加(E. HERRIN and J. RICHMOND, 1960)。Lg 波的 Q 值可反映地壳介质的非弹性衰减特征，其与地壳内部岩石物性、结构及温度密切相关。L. F. ZHAO 等(2008, 2015)利用朝鲜核爆记录中 Lg 波数据，建立了中国东北和朝鲜半岛地区地壳 Lg 波衰减模型(图 1.6)

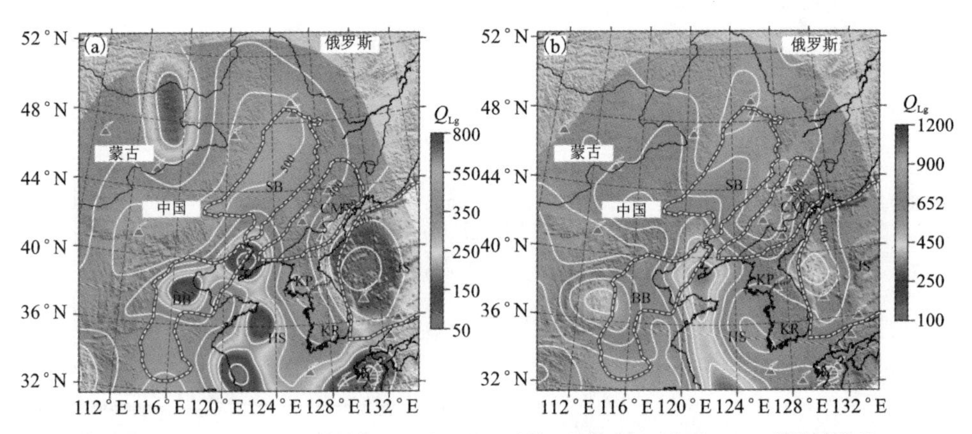

图中给出了火山分布和 4 个主要的地质单元块体：松辽盆地(SB)、渤海湾盆地(BB)、长白山(CM)和日本海(JS)等。

图 1.6　中国东北和朝鲜半岛地区 0.2~2.0 Hz 宽频带平均 Q_{Lg} 值(引自 L. F. ZHAO et al., 2008, 2013)

1.5 本书研究内容及创新点

1.5.1 研究内容

本书将全国部分固定台及流动台记录的朝鲜第六次核爆数据，按台站方位角分为五条宽角反射/折射长剖面。采用震相走时反演及反射率法合成理论地震图，约束得到中朝克拉通东北缘精细一维地壳及上地幔 P 波速度结构。具体研究工作包括：

(1)总结前人对中朝克拉通东北缘的研究认识，归纳以往核爆源深地震测深资料的处理方法及结果。

(2)数据的收集与处理。

(3)基于射线追踪方法开展震相到时反演，初步得到中朝克拉通东北缘速度结构，并通过正演合成理论地震图进一步优化速度模型。

(4)结合文献资料分析获得的速度结构，提出下地壳减薄动力学模型；讨论岩石圈各内部间断面可能的起源，并分析现今中朝克拉通地壳及上地幔结构；进一步探讨中朝克拉通"破坏"的程度，为研究克拉通"活化"提供新认识。

基于以上研究内容，本书章节安排如下：

第 1 章：绪论。本章阐述本书的研究目的及意义，介绍研究区(中朝克拉通东北缘)地质构造背景，总结华北克拉通东北缘主要地球物理研究成果及地球动力学进展，归纳朝鲜核爆数据研究现状，并概括本书的结构组成及创新点。

第 2 章：深地震测深剖面成像方法及原理。本章简单概述人工源宽角反射/折射方法的发展历史，分析方法分辨率，介绍人工源宽角反射/折射剖面资料常规处理解释流程，并分别详细描述重要处理软件/方法(RAYINVR 软件和反射率法合成理论地震图)的基本原理。

第 3 章：全球核爆源深地震测深剖面研究。本章总结了全球基于核爆源深地震测深剖面的研究概况，重点介绍了前人已识别的核爆资料震相，并归纳了这些震相的特征及现有研究成果和认识。

第 4 章：朝鲜核爆源深地震测深剖面成像。本章以朝鲜核爆源深地震测深剖面为研究对象，介绍了所用台站数据来源、预处理过程、震相识别及到时拾取，并通过震相到时反演和合成理论地震图方法构建了中朝克拉通东北缘地壳及上地幔速度模型。

第 5 章：中朝克拉通东部及邻区特殊地壳及上地幔结构。本章详细讨论了中朝克拉通东北缘下方特殊地壳结构的可能形成机制，以及岩石圈内部间断面

(ILD)和上地幔低速带顶界面(MLD)的起源，并通过与全球核爆源深地震测深数据对比探讨了中朝克拉通“破坏”的程度。

第6章：结论。本章对本书的研究结果进行总结，并指出存在的问题，提出未来工作设想。

1.5.2 创新点

相较于被动源地震成像方法，如远震接收函数成像、近震/远震体波层析成像、地震/背景噪声面波层析成像等，人工源地震成像方法，尤其是深地震测深方法垂向分辨率高、对界面结构(速度/深度)敏感，可同时利用多重(折射/反射/散射)震相振幅到时信息，交叉约束得到深部精细速度结构。然而，传统以人工爆破为源的深地震测深剖面，由于受到爆破当量的限制，通常只能记录地壳，最多深至上地幔顶部的信息。以核爆为源的深地震测深剖面完美地弥补了这一缺陷，能清晰记录来自地壳、地幔甚至更深部的折射、反射、散射震相信息。

我们利用部分固定台站和流动台站所记录的朝鲜第六次核爆地震数据，进行宽角反射/折射方法研究，得到了中朝克拉通东北缘精细地壳上地幔一维速度结构。相较于近年在中朝克拉通东北缘已开展的研究，我们的研究结果垂向分辨率高于近震/远震体波层析成像、地震/背景噪声面波层析成像、接收函数成像等方法得到的结果；研究范围大于正常人工源地震剖面或天然源地震台阵剖面。且研究结果的约束范围涉及中朝克拉通东北角的朝鲜地区，而该区域由于受多方面因素的限制地球物理认识较少。

本书构建了中朝克拉通东北缘特殊的地壳及上地幔速度结构，并提出形成中朝克拉通东北缘现今特殊地壳及上地幔结构的新动力学模型(lithosphere dripping model)，为研究中朝克拉通东北缘岩石圈“破坏”的程度提供了新认识。

第 2 章　深地震测深剖面处理方法及原理

人工源地震深部结构探测方法主要包括深地震测深法(deep seismic sounding;又称宽角反射/折射方法)和深反射地震法。其中，深地震测深法利用人工爆破激发弹性波，通过分析布设在地表的地震仪所接收的地震波信号，针对所接收地震波的几何学、运动学和动力学特征进行研究，从而获得研究区下方地壳及上地幔结构。

深地震测深技术于 20 世纪 50 年代起始于苏联和东欧各国。深地震测深剖面记录了复杂的波场信息，可观测到来自地壳及地幔的丰富的直达、折射、反射震相。这些震相视速度及振幅的变化反映了地下结构的非均匀性(图 2. 1)。20 世纪 50 年代末，我国在西藏北部的柴达木盆地首次开展宽角反射/折射方法研究(R. S. ZENG and R J. GAN, 1961; J. W. TENG et al. , 1979)。自此，在各种国际项目的支持下(如 20 世纪 50 年代的“国际地球物理年”、20 世纪 70 年代的“国际岩石圈计划”、20 世纪 80 年代和 90 年代的“大陆和海洋钻探计划”等)，特别是 20 世纪 80 年代后我国的宽角反射/折射方法得到了长足的发展，目前我国已拥有超 6000 km 的宽角反射/折射剖面(J. M. SUN et al. , 2014; 滕吉文等, 1997; 王椿镛等, 1994, 1995, 2002; 张先康等, 2008; 张中杰等, 2005; Z. J. ZHANG et al. , 2005, 2011)。开展宽角反射/折射地震探测对研究地壳及上地幔结构、评判特定地区地震烈度、资源勘查等工作具有重要意义。

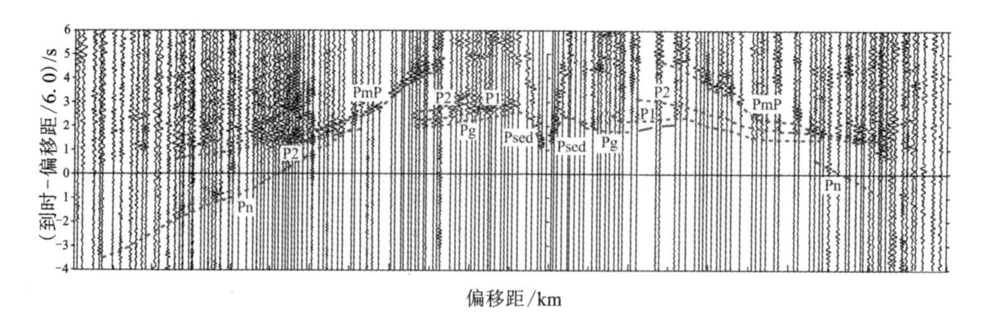

图 2.1　文登-阿拉善左旗超长宽角反射/折射剖面单炮记录(引自 S. X. JIA et al., 2014)

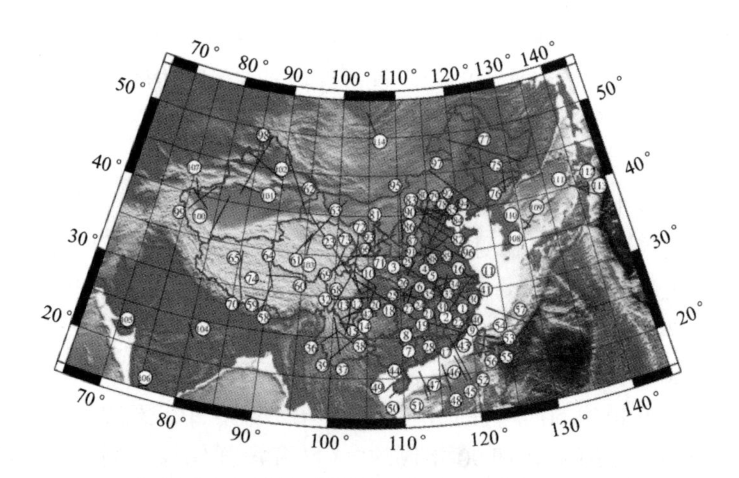

图 2.2　1958—2010 年东亚宽角反射/折射剖面分布图(引自 J. W. TENG et al., 2013)

2.1　方法分辨率

人工源地震震相主要包括折射(透射)波和反射(散射)波。对折射波的研究包括地震折射剖面分析、走时层析成像等，而地震反射剖面分析主要基于对反射波的探究。在实际数据处理中，方法的分辨率主要取决于数据的质量(信噪比的高低)，且分辨率也可能随着数据量的增大而提高。

基于透射波的方法得到的理论分辨率取决于第一菲涅尔带直径的大小，其直径 d 近似为：

$$d=\sqrt{\lambda L/2}=\sqrt{VL/2f} \tag{2.1}$$

式中：L 是波的总传播路径长度，λ 是主波长，V 是速度，f 是主频。这意味着，更高频率的地震波才能约束更精细的岩石圈结构。

地震反射研究的相对垂向分辨率与地震信号的波长成正相关(M. B. WIDESS, 1982)，即：

$$\delta \approx 0.25\ V_P/f \tag{2.2}$$

式中，V_P 是 P 波速度(km/s)，f 是频率(Hz)。

这意味着，垂向分辨率将随着信号主频的提高而提高。在上地壳结构研究中，高频信号对结构的垂向分辨率可达 10~20 m。在平均速度为 6.0 km/s 的大陆地壳，主频为 25Hz 的地震信号对结构的垂向分辨率大约为 60 m。在上地幔，反射 P 波的主频大约为 20 Hz，对应的波长大约为 400 m(M. J. L. BOSTOCK, 1999)，即对上地幔结构的垂向分辨率约为 100 m。由于本研究剖面震相的主频大约为 1Hz，因此对上地幔结构的垂向约束尺度大约为 2 km。

2.2　资料处理流程

一般而言，深地震测深(宽角反射/折射)剖面资料处理和解释主要包括以下几个步骤：①使用不同类型的滤波方式处理原始剖面记录；②地形校正；③震相到时拾取；④计算各波组反射深度和平均速度；⑤震相走时反演；⑥正演合成理论地震图，确定精细结构；⑦解的评价。具体如下：

(1)滤波。对剖面数据进行滤波处理的目的是提高信噪比，以便更好地追踪各个震相。两种常见的滤波方式为频率域滤波和速度域滤波。经过带通滤波后，地壳和地幔反射震相信噪比明显提高，但不同剖面最佳滤波频带可能不同。

(2)对观测数据进行地形校正。该过程将炮点及观测台站校正到统一高程，以消除地形起伏对震相到时的影响。

(3)震相到时拾取。由于宽角反射/折射地震剖面记录的信号复杂、尾波信号发育及噪声干扰等，较难追踪各有效信号，尤其是二次到达震相。因此，震相识别过程中应重视速度合理性，利用走时互换定律、考虑相邻炮集记录震相趋势一致和震相能量的横向延续性等来判别和拾取震相。在震相振幅强烈变化，尤其是初至到时延迟的位置应着重予以关注。此外，还可以将宽角反射/折射剖面以不同的折合速度 V_r 进行折合，这样更利于震相的识别与追踪。

(4)计算反射或折射界面深度及层速度。“X^2-T^2”(X 为震中距，T 为走时)为求得各层平均速度及厚度的常用方法。假定，在各向同性的均匀两层速度模型中[图 2.3(a)]，第一层速度为 v_1，厚度为 h，第二层速度为 v_2，且 $v_2>v_1$。S 为震源，震中距为 D 的接收点将会接收到由震源 S 发出的直达波、反射波和折射波三种震相，对应的射线路径及时距曲线如图 2.3 所示。三种震相的时距曲线可分别表示为：

$$t(\mathrm{dir})=\frac{x}{v_1} \tag{2.3}$$

$$t(\mathrm{refl})=\sqrt{x^2+4\ h^2/v_1} \tag{2.4}$$

$$t(\mathrm{refr})=\frac{x}{v_2}+2\ h\sqrt{v_2^2+v_1^2}/(v_1 v_2) \tag{2.5}$$

其中，直达波和折射波的时距曲线均为直线，斜率分别为本层速度(v_1)和下层速度(v_2)的倒数。临界点(x_{crit})为可观测到折射震相的最小震中距，交汇点(x_{cross})为直达震相和折射震相同时到达地表的震中距，当震中距大于 x_{cross} 时，折射波将成为初至。x_{cross} 的表达式为：

$$x_{\mathrm{cross}}=2\ h\sqrt{\frac{v_2+v_1}{v_2-v_1}} \tag{2.6}$$

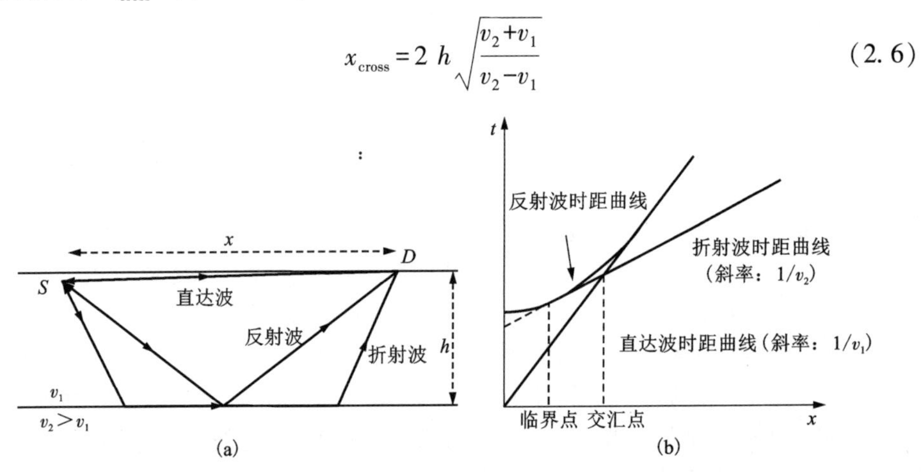

(a)两层速度模型；(b)对应的直达波、反射波和折射波时距曲线。

图 2.3 两层各向同性均匀介质模型中震相时距曲线

由式(2.4)和式(2.5)可知，反射和折射震相的 X^2 和 T^2 为线性相关，其斜率和截距分别与介质的平均速度和反射界面深度相关。由此，依据两个接收点记录反射波的走时及其震中距信息，可计算得到该水平均匀介质层的速度和深度。

(5)震相走时反演。基于以上获得的基本结构信息，依据“剥皮法”，从上至下，通过正、反演结合的手段拟合各震相的走时，逐层确定速度结构。

(6)合成理论地震图。基于走时反演获得的模型，计算合成理论地震图，并将其与观测剖面对比，通过分析震相振幅等几何学、运动学特征，调整模型细节，直至获得较满意的结果。

(7)解的评价。对解的合理性、不确定性及非唯一性进行评估。评估过程需兼顾模型在地质学、动力学方面的合理性及测区或邻区已有的宽角资料、深地震反射及天然地震方法成果。

2.3 震相到时反演

震相到时反演主要基于射线追踪原理。为解决深地震测深剖面资料处理时复杂非均匀层状介质中的动力学射线追踪、走时计算等问题，自20世纪80年代以来，一系列深地震剖面资料处理的算法和程序被发展起来。这些算法和程序主要可分为基于正演试错和反演两类。主要包括Seis8X系列(Seis81、Seis83、Seis88)、MacRay程序、Anray95程序、RayInvr软件包、PRAY软件等。

Seis8X系列软件为正演试错法中的代表。V. ČERVENÝ于1982年提出，经过不断地改进和发展后，推出Seis81、Seis83和Seis88系列(V. ČERVENÝ et al., 1982, 1984)。它们均以射线追踪算法为基础，在含有弯曲界面、层状构造、尖灭、断面和孤立体的二维横向不均匀介质中进行两点间的射线追踪及理论地震图的计算。然而正演模拟具有以下固有的缺点：正演试错需要多次迭代和人机交互，耗时长；无法定量地给出模型解的不确定性、分辨率等。

RayInvr程序(C. A. ZELT and R. B. SMITH, 1992; C. A. ZELT, 1999)将二维空间参数化，对地下结构进行建模和线性反演，同时反演二维速度和界面结构。该方法克服了正演试错法耗时大的缺陷，还提供了对模型的分辨率、不确定性和非唯一性的估计。本节将简单概述该程序的基本原理。

正反演的基础是模型参数化，即由不同尺度块体组成的层状结构，用最少数目的独立模型参数来表征地壳和上地幔模型。RayInvr方法可以根据数据的空间分辨能力指定模型参数的位置和数目，允许将地形和近地表速度差异嵌入模型，并通过模拟平缓的层边界以减少块状参数化带来的不稳定性。采用有误差控制的龙格库塔法求解方程的有效数值解，自动调整射线步长和射线出射角，实现射线追踪。

反演过程中首先计算走时相对速度和界面节点深度的偏微分，将走时和偏微分嵌入射线端点和接收点之间，用阻尼最小二乘方法同时确定更新后的模型参数：速度和界面深度。解的分辨率可以由分辨率矩阵进行评价，也可以通过扰动节点模型参数—正演计算走时—反演扰动模型参数的方式定性估计；参数的不确定性估计可以通过扰动模型参数—观察理论走时与观测数据的拟合效果的方式得到；改变模型参数化方式，或采用不同的初始模型参数反演可以估计解的非唯一性；模型后验协方差矩阵给出数据误差所引起的解的不确定性。反演过程中尽量减少独立模型参数能提高算法的稳定性。

该方法首先需将模型参数化，即将二维各向同性介质划分为层状、不同大小的块体(图 2.4)。每个块体边界可由任意数量及间距的节点深度及速度通过线性插值得到界面深度及速度起伏。每条边界的节点数可以不同，但任意层在深度上均不能相交。在每一层内部，为方便射线追踪，程序将自动根据上下界面节点位置将该层剖分为数个不规则四边形，假定某单个四边形[图 2.4(b)]四个角的速度分别为 v_1、v_2、v_3 和 v_4，那么该四边形内部的速度 $v(x, z)$ 如下式：

$$v(x, z) = (c_1x + c_2x^2 + c_3z + c_4xz + c_5)/(c_6x + c_7) \tag{2.7}$$

式中，系数 c_1、c_2、c_3、c_4、c_5、c_6 和 c_7 的表达式如下：

$$c_1 = s_2(x_2v_1 - x_1v_2) + b_2(v_2 - v_1) - s_1(x_2v_3 - x_1v_4) - b_1(v_4 - v_3) \tag{2.8a}$$

$$c_2 = s_2(v_2 - v_1) - s_1(v_4 - v_3) \tag{2.8b}$$

$$c_3 = x_1v_2 - x_2v_1 + x_2v_3 - x_1v_4 \tag{2.8c}$$

$$c_4 = v_1 - v_2 + v_4 - v_3 \tag{2.8d}$$

$$c_5 = b_2(x_2v_1 - x_1v_2) - b_1(x_2v_3 - x_1v_4) \tag{2.8e}$$

$$c_6 = (s_2 - s_1)(x_2 - x_1) \tag{2.8f}$$

$$c_7 = (b_2 - b_1)(x_2 - x_1) \tag{2.8g}$$

在这种模型参数化方式下，复杂模型可以由多个简单的不规则四边形来描述，该模型允许任意边界节点速度/深度的调整，使得模型的定义空间能更大化。在模型参数化的过程中，允许单层层厚最小为零，即允许模型中存在界面尖灭和孤立体。

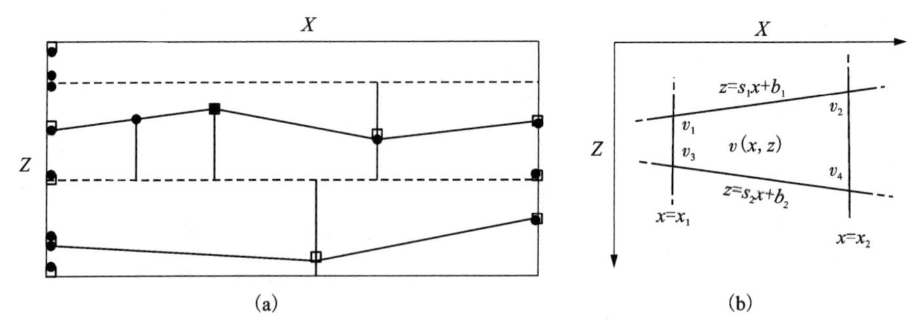

(a)模型参数化举例，假设模型分为 5 层，包含 26 个独立块体、12 个界面节点和 14 个速度节点。那么在进行射线追踪前，该模型将被重新划分为 12 个如图所示的不规则四边形，其中第一层横向均匀，第二层速度恒定，第三层和第四层界面速度连续。(b)模型(a)中某个不规则四边形内部速度分布 $v(x, z)$。

图 2.4　模型参数化示意图及不规则四边形块体内部速度分布图

(C. A. ZELT and R. B. SMITH, 1992)

模型参数化后，RayInvr 程序包将基于零阶近似射线理论求解射线方程的数值解(V. ČERVENÝ, 1979), 求解过程中应用龙格-库塔方法控制系统误差。已知二维空间射线追踪方程的一阶常微分形式为:

$$\frac{\mathrm{d}z}{\mathrm{d}x}=\cot\theta,\ \frac{\mathrm{d}\theta}{\mathrm{d}x}=(v_z-v_x\cot\theta)/v \tag{2.9}$$

或

$$\frac{\mathrm{d}x}{\mathrm{d}z}=\tan\theta,\ \frac{\mathrm{d}\theta}{\mathrm{d}z}=(v_z\tan\theta-v_x)/v \tag{2.10}$$

$x=x_0$, $z=z_0$, $\theta=\theta_0$, 为初始条件。其中, v 是地震波速度, v_x 和 v_z 分别是 v 在 x 轴和 z 轴方向的局部偏微分, z 轴向下为正, θ 为射线切线方向与 z 轴的夹角, 震源位置为(x_0, z_0), θ_0 为射线出射角。

依据高频近似理论, 由震源激发的地震波沿射线 L 传播至接收点的时间 t 用积分形式可以表示为:

$$t=\int_L \frac{1}{v(x, z)}\mathrm{d}l \tag{2.11}$$

式中, $v(x, z)$为连续速度场。如果将剖面下方的二维速度结构进行剖分, 将射线路径分成 n 份, 则时间 t 的积分表达式可离散化为:

$$t=\sum_{j=1}^{n}\frac{l_j}{v_j} \tag{2.12}$$

式中, l_j 和 v_j 分别代表被离散射线的第 j 段射线长度及其对应的地壳速度, 此时地震波走时可近似为 n 个慢度的线性求和。而射线路径与速度相关, 因此走时反演为非线性问题。为解决这一问题, 我们对式(2.12)进行线性泰勒级数展开:

$$t_i=\sum\frac{l_{ij}}{v_j} \tag{2.13}$$

式中, t_i 为第 i 条射线的走时, l_{ij} 为第 i 条射线穿过第 j 个单元的射线段长度, v_j 为在第 j 个单元内射线段的介质速度。对式(2.13)两边同时求微分得:

$$\delta t_i=\sum\left(-\frac{l_{ij}}{v_j^2}\right)\delta v_j \tag{2.14}$$

即:

$$\Delta t_i=\sum\left(-\frac{l_{ij}}{v_j^2}\right)\Delta v_j \tag{2.15}$$

即:

$$\boldsymbol{A}\Delta\boldsymbol{m}=\Delta\boldsymbol{t} \tag{2.16}$$

式中, $\boldsymbol{A}$ 代表由局部偏导项$\frac{\partial t_i}{\partial m_j}$组成的偏导数矩阵, t_i 是第 i 段观测走时, m_j 为用于反演的第 j 个模型参数, 可以是边界节点的速度值或深度值。$\Delta\boldsymbol{m}$ 为模型参数调整向量，Δt 为走时残差向量。反演过程中，在特定迭代次数下，式(2.16)中的走时残差向量 Δt 和偏导数矩阵 A 都是通过射线追踪方法基于相应模型计算得到的，模型参数调整向量 Δm 则通过解析计算得到；将解析计算得到的 Δm 用于当前模型的调整，再基于更新的模型重新进行射线追踪；不断重复上述过程，直至基于最新模型计算的理论走时与观测走时之间的误差满足终止迭代的标准，此时得到的模型我们认为其为真实地下结构的合理近似。

2.4 正演合成理论地震图

除震相走时信息外，地震剖面的整体波形特征和各震相振幅信息同样能为认识地下结构提供约束。如当震中距大于全反射临界距离时，反射震相将发生全反射，振幅达到最强。此外，某些特殊震相(如散射波)也包含了丰富的地下结构信息，这些信息是仅依赖到时分析难以获得的，因此，基于模型正演模拟其振幅几何学特征尤为重要，即通过不断调整模型结构，模拟各震相振幅几何学、运动学特征，使合成理论地震图与观测记录波形之间最佳匹配，以获得更精细的地下结构。

合成理论地震图的计算方法总体可分为三大类(图2.5)：

(1)解析类方法。即对弹性波动方程进行解析变化，求解析解。该类方法又可细分为基于 Laplace 变换的 Cagniard-de Hoop 法，如广义射线法(F. GILBERT and D. V. HELMBERGER, 1972)和反射率法(K. FUCHS and G. MÜLLER, 1971)；基于 Fourier 变换的波数积分法(W. T. THOMSON, 1950；B. L. N. KENNETT and N. J. KERRY, 1979)。

(2)数值类方法。即将波动方程空间离散化，求数值解。按照对波动方程空间离散方式的不同，可分为求解微分形式波动方程的方法，如有限差分法(K. R. KELLY et al., 1976；J. VIRIEUX, 1984)、伪谱法(H. O. KREISS and J. OLIGER, 1972；D. D. KOSLOFF and E. BAYSAL, 1982)；以及求解积分形式波动方程的方法，如有限元法(G. R. RICHTER, 1994；杨顶辉等, 2002；刘有山等, 2013)和谱元法(G. COHEN et al., 1993；D. KOMATITSCH and J. TROMP, 1999)。

(3)混合类方法。即解析类方法之间、数值类方法之间或解析类和数值类方法的组合(Z. X. YAO and D. G. HARKRIDER, 1983；温联星和姚振兴, 1994)。

通常，解析类方法计算速度快、效率高、占用计算机内存小，但精度有所欠缺；数值类方法简单，无需进行数学上的复杂变化、精度高、可计算各类复杂介质，但计算成本会随计算主频变高或随时间/空间步长变小而倍增。本书采用反射率法合成理论地震图，该方法具体原理如下：

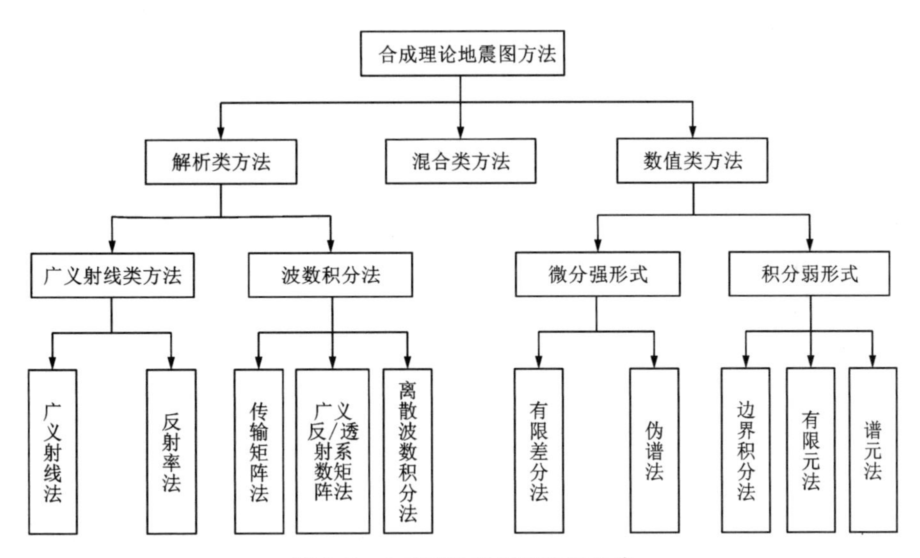

图 2.5　合成理论地震图方法分类

反射率法基于广义射线理论，假设半空间模型可分为 $n-1$ 个均匀、各向同性层(图 2.6)。其中第 i 层的 P 波速度为 α_i，S 波速度为 β_i，密度为 ρ_i，厚度为 h_i。假定爆炸源位于地表 $z=0$ 处，且爆炸只在第一层激发对称压缩波，没有激发剪切波及面波。在 $1\sim m$ 层，从震源传播到反射带顶部和在反射带反射后回到地表的 P 波都考虑存在弹性传输损耗和时间偏移。

由爆炸点源形成的波的压缩势可以表示为：

$$\varphi_0(r,\ z,\ t)=\frac{1}{R}F(t-\frac{R}{\alpha 1}) \tag{2.17}$$

式中，$R^2=r^2+z^2$。式(2.11)的傅里叶变换可写成以下积分形式：

$$\Phi_0(r,\ z,\ \omega)=\Gamma(\omega)\int_0^{+\infty}\frac{k}{\mathrm{j}v_1}j_0(kr)\exp(-\mathrm{j}v_1 z)\,\mathrm{d}k \tag{2.18}$$

式中，$\Gamma(\omega)$是激励函数 $F(t)$的傅里叶变换，$j_0(kr)$是第一类零阶贝塞尔函数，j 是虚数单位，k 是水平波数，$v_1=(k_{\alpha1}^2-k^2)^{\frac{1}{2}}$，垂直波数 $k_{\alpha1}=\omega/\alpha_1$。

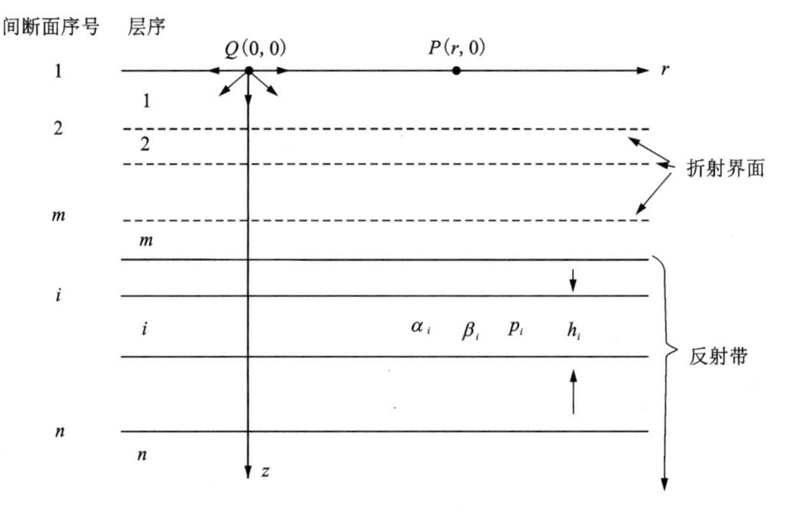

Q 为爆炸点源的位置，*P* 为观测点的位置。来自反射带的 P 波反射在 1~*m* 层存在弹性传输损耗和时移。

图 2.6　层状介质模型(引自 K. Fuchs and G. Müller, 1971)

入射到反射区的 m 层 P 波的势为：

$$\Phi_0(r,z,\omega)=\Gamma(\omega)\int_0^{+\infty}\frac{k}{\mathrm{j}v_1}j_0(kr)P_{\mathrm{d}}(\omega,k)\times \exp\left\{-\mathrm{j}\left[\sum_{i=1}^{m-1}h_iv_i+\left(z-\sum_{i=1}^{m-1}h_i\right)v_m\right]\right\}\mathrm{d}k \tag{2.19}$$

式中，$P_{\mathrm{d}}(\omega, k)$是 2, 3, …, m 界面下行波传输系数之积。$v_i=(k_{\alpha 1}^2-k^2)^{\frac{1}{2}}$为压缩波垂直波数，$v'_i=(k_{\beta 1}^2-k^2)^{\frac{1}{2}}$为剪切波垂直波数。

入射 P 波在 m 层产生的反射波的势为：

$$\Phi_2(r,z,\omega)=\Gamma(\omega)\int_0^{+\infty}\frac{k}{\mathrm{j}v_1}j_0(kr)P_{\mathrm{d}}(\omega,k)R_{\mathrm{pp}}(\omega,k)\times \exp\left\{-\mathrm{j}\left[\sum_{i=1}^{m}h_iv_i+\left(\sum_{i=1}^{m}h_i-z\right)v_m\right]\right\}\mathrm{d}k \tag{2.20}$$

式中，$R_{\mathrm{pp}}(\omega, k)$平面波反射系数(K. FUCHS, 1968)。

反射 P 波依次通过界面 m, $m-1$, …, 2 向上传播，最后到达界面 1 时的势为：

$$\Phi_3(r,z,\omega)=\Gamma(\omega)\int_0^{+\infty}\frac{k}{\mathrm{j}v_1}j_0(kr)P_{\mathrm{d}}(\omega,k)R_{\mathrm{pp}}(\omega,k)P_{\mathrm{u}}(\omega,k)\times \exp\left[-\mathrm{j}\left(2\sum_{i=1}^{m}h_iv_i-zv_i\right)\right]\mathrm{d}k \tag{2.21}$$

式中，$P_u(\omega, k)$是 2，3，…，m 界面上行波传输系数之积。

最后，在接收点 $P(r, 0)$接收到的反射 P 波震相的位移势为：

$$\Phi_4(r, z, \omega) = \Gamma(\omega)\int_0^{+\infty} \frac{k}{jv_1} j_0(kr) P_d(\omega, k) R_{pp}(\omega, k) P_u(\omega, k) \times r_{pp}(\omega, k) \times \exp\left[-j\left(2\sum_{i=1}^{m} h_i v_i + z v_i\right)\right] dk \tag{2.22}$$

在接收点 $P(r, 0)$接收到的反射 S 波震相的位移势为：

$$\psi(r, z, \omega) = \Gamma(\omega)\int_0^{+\infty} \frac{k}{jv_1} j_1(kr) P_d(\omega, k) R_{pp}(\omega, k) \times P_u(\omega, k) r_{ps}(\omega, k) \times \exp\left[-j\left(2\sum_{i=1}^{m} h_i v_i + z v_i\right)\right] dk \tag{2.23}$$

式中，$r_{ps}(\omega, k)$和 $r_{pp}(\omega, k)$分别是 P-P 和 P-S 震相的反射系数。

在 $z=0$ 处，水平位移分量和垂直位移分量表达式分别如式(2.24)和式(2.25)所示：

$$u(r, 0, \omega) = \Gamma(\omega)\int_0^{+\infty} \frac{jk^2}{v_1} j_1(kr) P_d R_{pp} P_u \left(1 + r_{pp} - \frac{jv_1}{k} r_{ps}\right) \times \exp\left(-2j\sum_{i=1}^{m} h_i v_i\right) dk \tag{2.24}$$

$$w(r, 0, \omega) = \Gamma(\omega)\int_0^{+\infty} k j_0(kr) P_d R_{pp} P_u \left(1 - r_{pp} + \frac{k}{jv_1} r_{ps}\right) \times \exp\left(-2j\sum_{i=1}^{m} h_i v_i\right) dk \tag{2.25}$$

将积分变量水平波数 k 用反射区顶部的入射角 γ 代替：$k = \left(\dfrac{\omega}{\alpha_m}\right)\sin\gamma = k_{\alpha_m}\sin\gamma$ 此时，2，3，…，m 界面下行波和上行波传输系数之积 P_d、P_u，以及 P-P 和 P-S 震相的反射系数 r_{pp} 和 r_{ps} 仅为反射区顶部入射角 γ 的函数。在 $z = 0$ 处，水平位移分量和垂直位移分量表达式分别如式(2.26)和式(2.27)所示：

$$u(r, 0, \omega) = \Gamma(\omega)\int_{\gamma^1}^{\gamma^2} \sin\gamma\cos\gamma j_1(k_{\alpha_m}\gamma\sin\gamma) R_{pp}(\omega, \gamma) G(\gamma) \times \exp(-2jk_{\alpha_m}\sum_{i=1}^{m} h_i \eta_i) d\gamma \tag{2.26}$$

$$w(r, 0, \omega) = \Gamma(\omega) k_{\alpha_m}^2 \int_{\gamma^1}^{\gamma^2} \sin\gamma\cos\gamma j_0(k_{\alpha_m}\gamma\sin\gamma) R_{pp}(\omega, \gamma) H(\gamma) \times \exp\left(-2jk_{\alpha_m}\sum_{i=1}^{m} h_i \eta_i\right) d\gamma \tag{2.27}$$

式(2.26)和式(2.27)的积分范围为 $\gamma_1=0$，$\gamma_2=\pi/2+i\infty$，当 $\gamma=\pi/2$ 时，积分

路径上入射角为直角。对于体波研究，入射角 γ 的积分范围选取 $0 \leqslant \gamma \leqslant \pi/2$。

式(2.26)和式(2.27)可借助最速下降法或平稳相法(K. FUCHS，1971)或数值积分法(K. FUCHS，1968)求解。其中，求解平面波反射系数 $R_{\mathrm{pp}}(\omega, \gamma)$ 最为重要，且在所有的震中距范围，反射率相同。γ 的范围可依据来自反射区顶底部的反射震相视速度(c_1，c_2)估计：$\gamma_{1,2} = \arcsin \dfrac{\alpha_m}{c_{1,2}}$，$c_1$，$c_2$ 值不能大于反射带之上区域最大 P 波速度，α_m 为 m 层的 P 波速度。

2.5 小结

本章简述了深地震测深方法的发展概况，具体阐述了宽角反射/折射剖面资料的处理流程，并详细介绍了本书采用的两种资料处理方法的基本原理，包括：①震相到时反演常用软件 RAYINVR 的基本原理；②正演合成理论地震图方法之一的反射率法的基本原理。

第 3 章　全球核爆源深地震测深剖面研究

3.1　研究概况

早在 20 世纪 60 年代，北美中部就以核爆炸及大当量化学爆炸为震源(the early rise experiment)，布设了一系列长偏移距(2000~3000 km)的线性地震台阵，台间距约为 30 km(图 3.1)。这些台阵记录的长偏移距宽角反射/折射数据被用

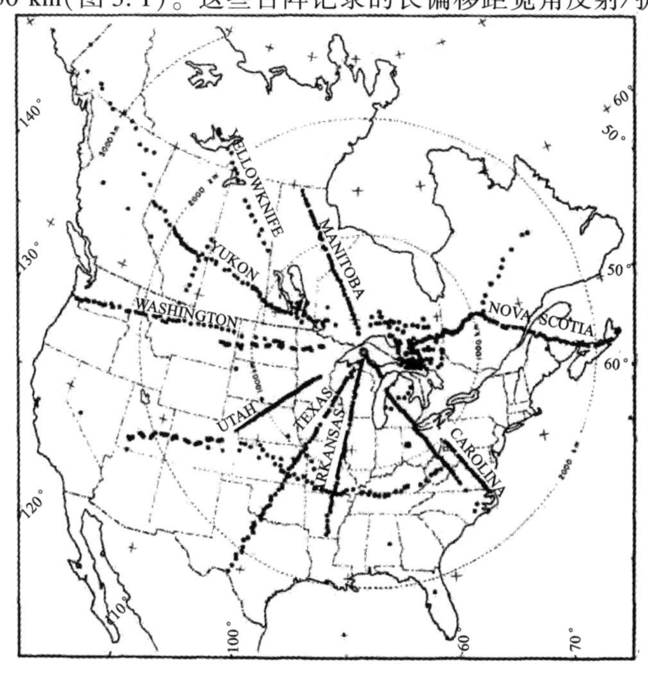

空心圆为核爆点位置，位于苏必利尔湖附近。实心点为接收台站位置。

图 3.1　美国 Early Rise 项目长偏移距地震剖面位置图(引自 H. M. IYER et al.，1969)

于研究北美地壳及上地幔结构，尽管该项目炮点位置单一，剖面无重叠覆盖区域，但仍为认识北美下方上地幔结构提供了宝贵数据。

1972 年，澳大利亚矿产资源局同样进行了一系列长偏移距地震试验，统称为TASS(Trans-Australia Seismic Survey)。该试验中大当量爆炸源位于测线两端，使用 9 个便携式地震台站配合固定地震台站记录了 250~1000 km 震中距范围内的爆炸信号，用于研究澳大利亚地壳及上地幔结构。

在 20 世纪 60—90 年代，苏联以大当量化学爆炸和核爆为源，获得了一系列更高信噪比的超长地震剖面记录(图 3.2)。这些地震剖面长 1500~3200 km，相邻台间距约为 10 km，每条剖面都横跨多个地质构造单元，如东欧克拉通(the East European Craton)、西伯利亚克拉通(the Siberian Craton)、乌拉尔块体(the Urals Plate)、西西伯利亚块体(the West-Siberian Plate)和蒂曼-伯朝拉块体(the Timan-Pechora Plate)等。

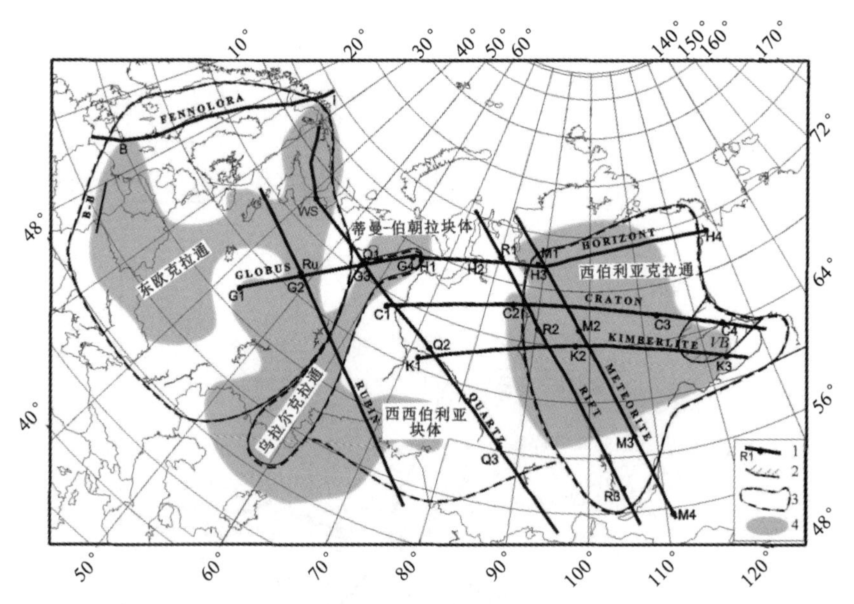

字母 G1、G2、G3、G4 为剖面 GLOBUS 的和平核爆源位置；字母 Ru 为剖面 RUBIN 的和平核爆源位置；字母 Q1、Q2、Q3 为剖面 QUARTZ 的和平核爆源位置；字母 R1、R2、R3 为剖面 RIFT 的和平核爆源位置；字母 K1、K2、K3 为剖面 KIMBERLITE 的和平核爆源位置；字母 C1、C2、C3 为剖面 CRATON 的和平核爆源位置；字母 H1、H2、H3、H4 为剖面 HORIZONT 的和平核爆源位置；字母 B、I 为剖面 FENNOLORA 的大当量化学爆炸源位置。EEC 代表东欧克拉通；SC 代表西伯利亚克拉通；WSP 代表西西伯利亚块体；T-P 代表蒂曼-伯朝拉块体。

图 3.2 苏联核爆地震剖面位置图

(引自 G. A. PAVLENKOVA and N. I. PAVLENKOVA，2006)

以传统人工爆破为震源所记录的地震剖面，由于受到震源能量(数吨 TNT 炸药)的限制，探测深度最多只能达到上地幔顶部(L. W. BRAILE and C. S. CHIANG, 1986; P. R. REDDY et al., 2003; G. MUSACCHIO et al., 2004; J. W. TENG et al., 2013)。而以核爆为震源的地震剖面，则记录了丰富的来自地壳、地幔的折射、反射、散射信息，甚至包含来自地核的信号。对此，前人针对苏联核爆数据开展了大量工作以探究地球深部结构(A. V. YEGORKIN and N. I. PAVLENKOVA, 1981; J. MECHIE et al., 1993; A. V. EGORKIN et al., 1984, 1987, 1997; H. M. BENZ et al., 1992; T. RYBERG et al., 1996; A. V. EGORKIN, 1997; K. FUCHS, 1997; W. SCHUELLER et al., 1997; E. A. MOROZOVA et al., 1999; L. NIELSEN et al., 1999; G. A. PAVLENKOVA et al., 2002; A. R. ROSS et al., 2004; G. A. PAVLENKOVA and N. I. PAVLENKOVA, 2006; N. I. PAVLENKOVA, 2011)。

3.2　资料分析

核爆源地震剖面记录了复杂的波场信息。在震中距 0~300 km 范围内(图 3.3)，主要可观测到的地震震相包含沉积层折射震相(Psed)、地壳折射震相(Pg)以及上地幔顶部折射震相(P)、壳内反射震相(K1 和 K2)以及莫霍面反射震相(PmP)。

在震中距 200~2000 km 范围内，观测到的震相主要来自上地幔(图 3.4)，可分为 Pn、PN1、PN2、PL 和 PH，这些震相变化的视速度及振幅反映了上地幔结构的复杂性。

Pn 震相(上地幔顶部折射波)通常在震中距 200~800 km 范围内作为初至到达。该震相振幅较弱，视速度为 7.8~8.4 km/s。在西伯利亚克拉通及乌拉尔地块下方，Pn 视速度最大可达 8.4 km/s，在其他区域，Pn 视速度则在 8.1~8.2 km/s。此外，不同剖面 Pn 震相的到时也存在差异，最大可达 2~3 s。而上地幔顶部中高速层和低速层的存在，使得 Pn 震相走时通常呈阶梯状。

在震中距 800~1600 km 范围内，PN 震相作为初至被观测到。随着震中距的增大，该震相视速度由 8.2~8.4 km/s 增至 8.4~8.6 km/s。研究表明，PN 震相为穿透上地幔间断面 N(位于 80~100 km 深度，又称为 8°间断面)的折射波(N. I. PAVLENKOVA, 1996; H. THYBO and E. PERCHUĆ, 1997; H. THYBO, 2006)，且该震相通常被划分为 PN1 和 PN2 震相。

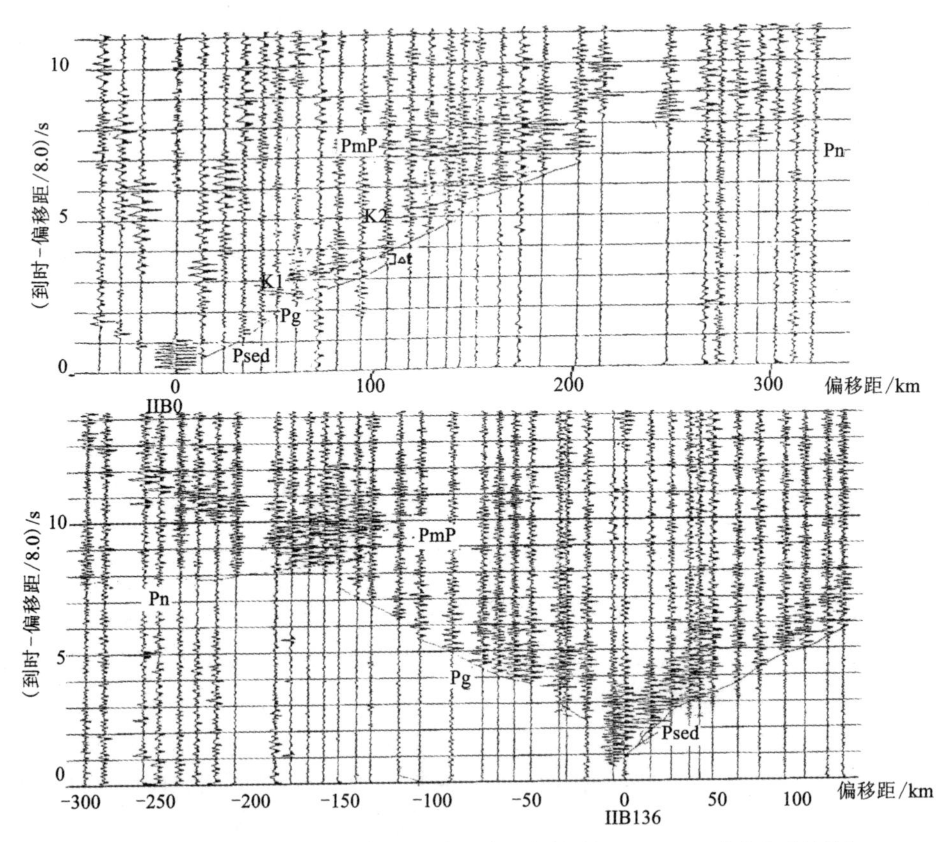

Psed、Pg 和 Pn 分别是来自沉积层、地壳及上地幔顶部的折射震相；K1 和 K2 为壳内反射震相；PmP 为来自莫霍面的反射震相。

图 3.3　Quartz 剖面 IIB0 炮点和 IIB136 炮点记录剖面
(N. I. PAVLENKOVA and G. A. PAVLENKOVA，2014)

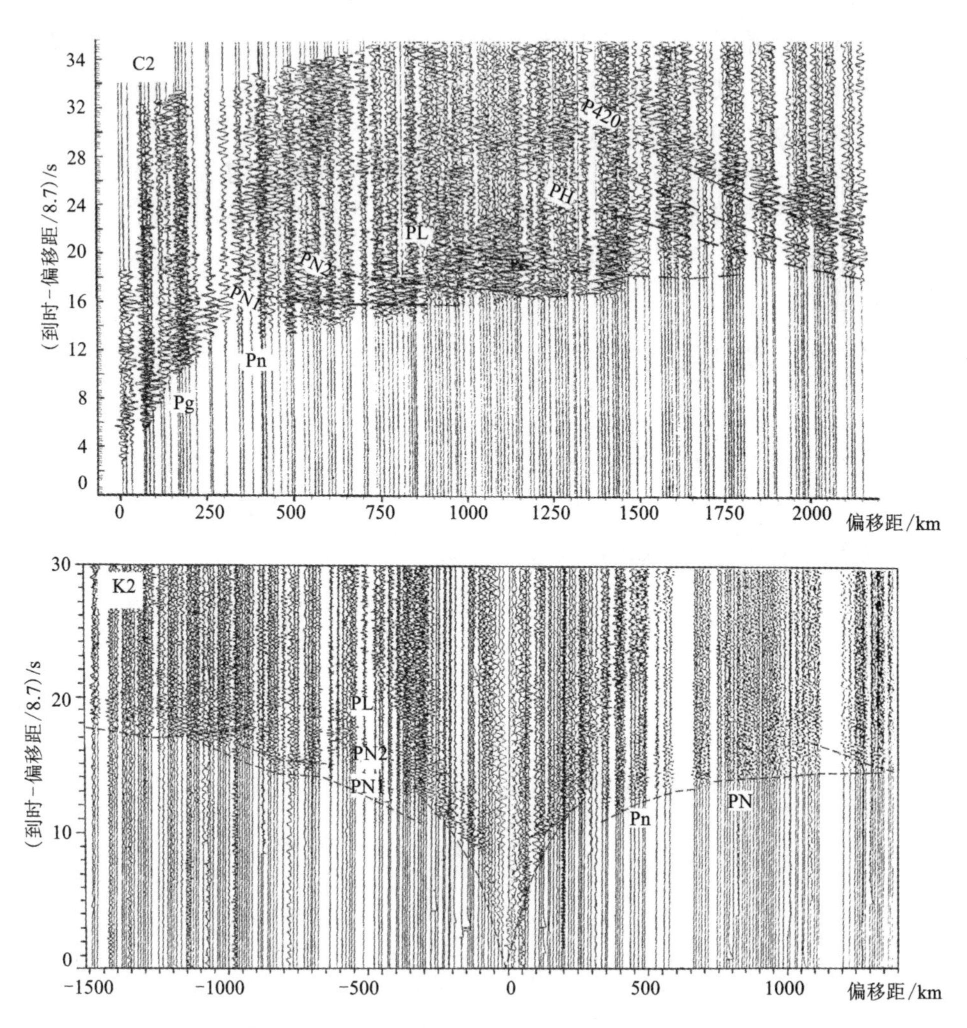

图 3.4　Craton 剖面 C2 核爆点记录剖面和 Kimberlite 剖面 K2 核爆点记录剖面
(N. I. PAVLENKOVA and G. A. PAVLENKOVA, 2014)

PL 震相通常在震中距 1500~1800 km 范围内作为初至被观测到，它具有比 PN 震相更高的视速度(8.6~8.7 km/s)。PL 震相被认为是来自 200~250 km 深度的 Lehmann 间断面的反射/折射波(I. LEHMANN, 1959; A. M. DZIEWONSKI and D. L. ANDERSON, 1981; A. L. HALES, 1991)。在震中距 1300~1500 km 处，该震相振幅常强烈衰减，这被认为与 Lehmann 间断面上方低速层的存在有关。PH 震相主要在震中距 1700~2200 km 范围内被观测到，被认为是来自约 350 km 深度的上地幔间断面 H 的反射震相(H. THYBO et al., 1997)。大部分情况下该震相振幅微弱，较难识别。

在1500~3000 km震中距范围内观测到的初至震相及二次到达震相被认为与地幔转换带相关。其中P410、P520和P660被认为分别来自约410 km深度、520 km深度和660 km深度间断面的反射震相。这三个震相的视速度具有明显差异，P410的平均视速度约为10 km/s，P520的平均视速度约为10.5 km/s，而P660的平均视速度约为11 km/s。需要强调的是，由于地球表面为球面，因此地幔震相的视速度将高于实际速度。

3.3 研究成果及认识

早期基于地震学方法对CRATON、QUARTZ、METEORITE、RIFT以及部分HORIZONT剖面数据的分析解释揭示了西伯利亚克拉通、西西伯利亚块体、东欧克拉通的东北缘的岩石圈及上地幔结构。具体认识如下：

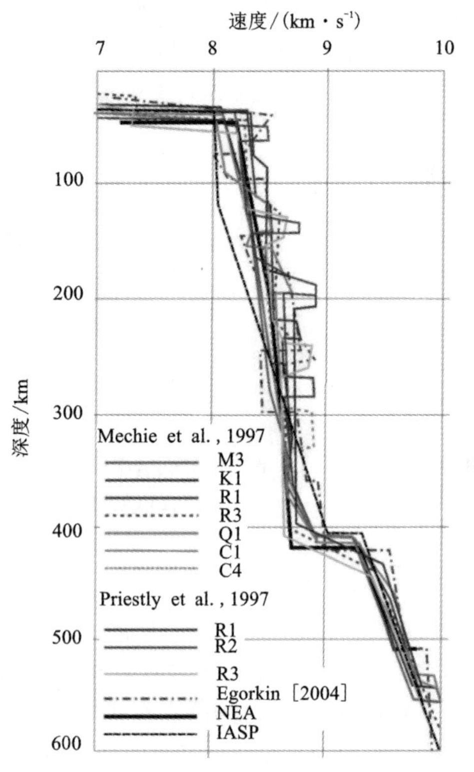

图3.5 基于不同长偏移距核爆剖面获得的欧亚大陆上地幔1D速度模型(N. I. PAVLENKOVA and G. A. PAVLENKOVA, 2014)

3.3.1　岩石圈内部间断面

对不同剖面震相走时的分析结果均表明，岩石圈内部存在具有正速度梯度的 N1 间断面，位于 80~90 km 深度范围，不同剖面上该间断面所处的深度存在差异，该间断面可能是由尖晶石到石榴石相变引起的(A. L. HALES, 1969)。同时，基于 800~900 km 震中距范围内存在初至到时影区的现象，Thybo 和 Perchuć发现了另一个大约 100 km 深度的间断面(8°间断面)，该间断面为负速度梯度间断面，被解释为上地幔低速带的顶界面(H. THYBO and E. PERCHUĆ, 1997; H. THYBO et al., 1997)。

3.3.2　上地幔散射体

在常规的宽角反射/折射剖面中，来自 Moho 的反射震相以及来自上地幔顶部的折射震相 Pn(速度常大于 8.0 km/s)和 Sn(速度常大于 4.7 km/s)常被用于约束地壳速度及厚度。由于 Moho 间断面具有正速度梯度，因此观测到的上地幔顶部折射震相 Pn 和 Sn 也可能混叠了多次反射及散射震相。

在 Quartz 测线观测到具有强振幅尾波的远震 Pn 震相(图 3.6)，该震相群速度为 8.0~8.1 km/s，可被观测最远震中距长达 3000 km(T. RYBERG et al., 1995)。该震相为到时滞后于初至波的二次到达，且在高频段(>10Hz)具有更强振幅，因此又被称为“高频远震 Pn 震相”。理论地震图正演模拟表明，该震相的高频成分可以解释为由存在于 Moho 间断面至 100 km 深度范围内的各向异性非均匀散射体引起的散射波(图 3.7b)，其速度扰动为背景速度模型的±4%(T. RYBERG et al., 2000)。然而，该模型只能解释远震 Pn 震相的高频成分。另一种解释为沿壳幔边界发生的多次反射、折射(图 3.8)，被称为“whispering gallery”(I. B. MOROZOV and S. B. SMITHSON, 2000)。这种来自非均匀壳幔边界的散射震相(whispering gallery)可以更好地拟合远震 Pn 震相在各个频段的特征，解释远震 Pn 震相的运动学及散射特征，并揭示地壳真实的反射结构特性(L. NIELSEN and H. THYBO, 2003)。

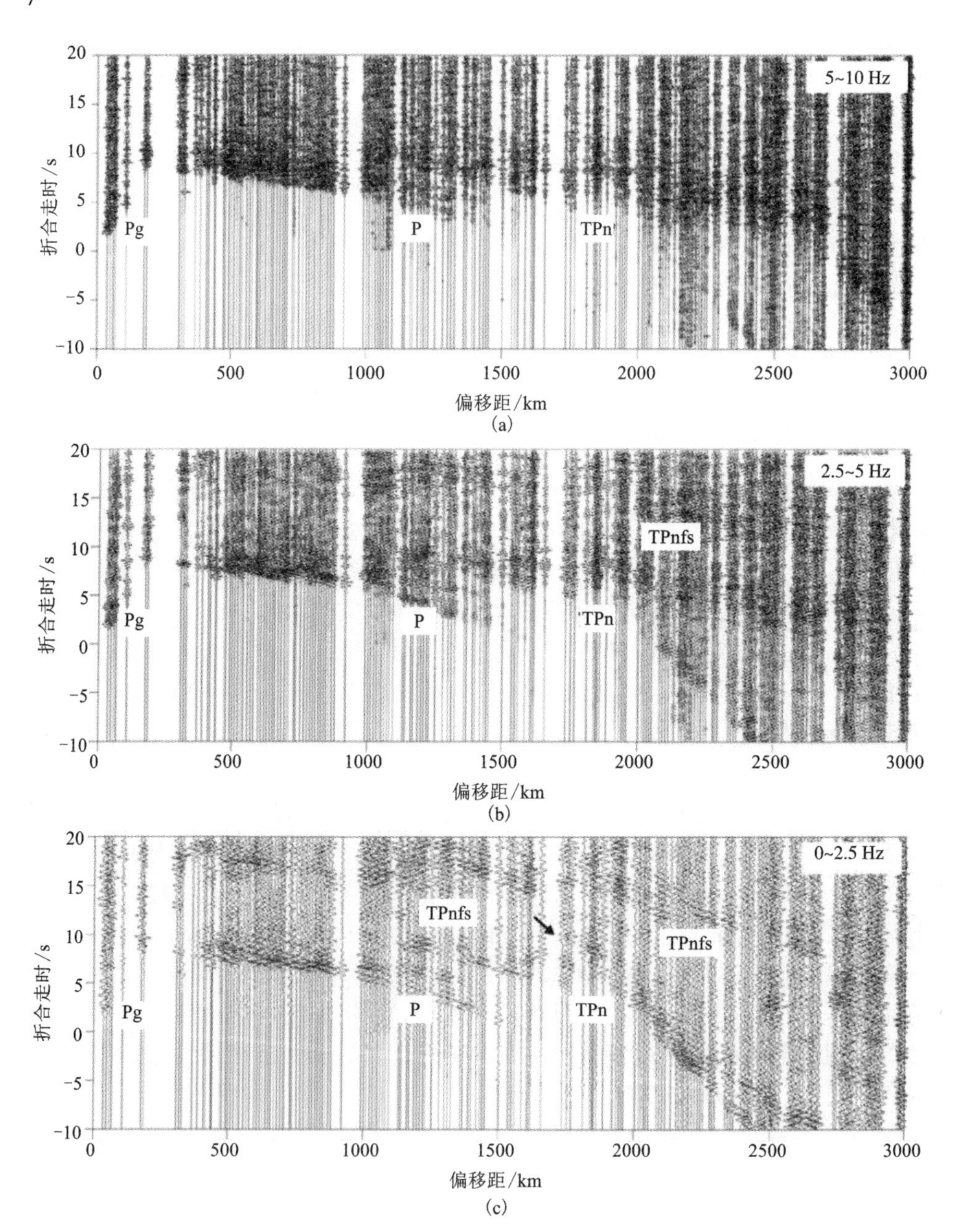

剖面折合速度为 8.0 km/s。原始剖面经过三种不同频带的滤波处理，(a)5～10 Hz；(b)2.5～5 Hz；(c)0～2.5 Hz。震相注释：Pg 为地壳直达波；P 为上地幔折射震相；TPn 为远震 Pn 震相；TPnfs 为地幔震波及 P-S 转换波在地表反射多次反射后的震相。

图 3.6　Quart 测线 323 核爆炮点记录的振幅单道归一化处理后的地震剖面

(引自 L. NIELSEN and H. THYBO，2003)

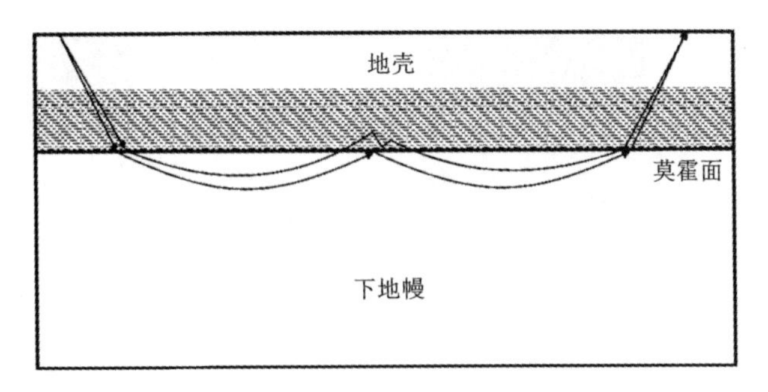

图 3.7　Whispering gallery 的射线路径示意图(引自 L. NIELSEN and H. THYBO, 2003)

沿着 Kraton 测线的四个核爆源宽角反射/折射剖面，在大于 800 km 的偏移距范围，均观察到尾随初至波的强振幅地幔散射震相(图 3.8)。其特征总体可概括为：①散射震相主要在 800~1400 km 震中距范围内被观测到；②尾随初至到达的强振幅散射震相由 800 km 震中距处的 8 s 到时区间减至 1400 km 震中距处的 4 s 到时区间。L. NEILSEN 等(2003)提出了 4 种可能的模型(图 3.9)，试图解释该上地幔散射震相，波形正演结果表明在 8°间断面下方(约 100 km)至莱曼间断面之间存在的非均匀散射体为该散射震相的起源[图 3.9(c)]。

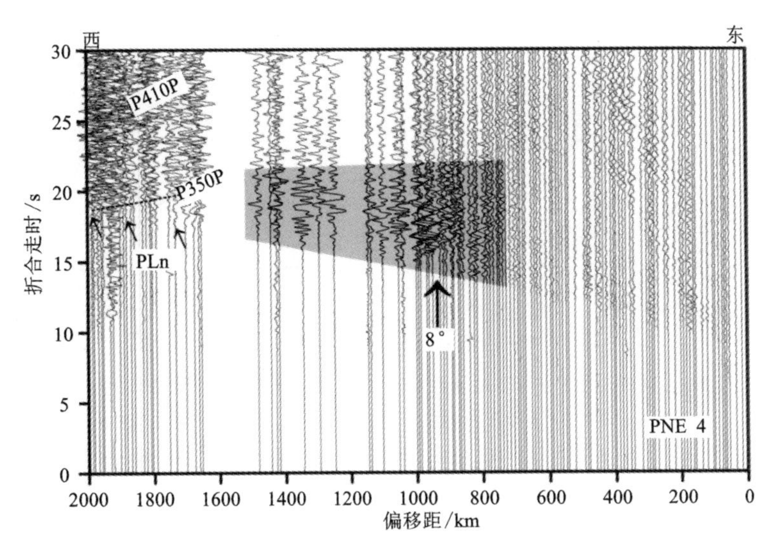

剖面折合速度为 8.7 km/s，灰色四边形为在 800~1400 km 震中距观测到的散射震相，黑色箭头指示了与 8°间断面相关的初至到时延迟的位置。PLn 为来自莱曼间断面的折射震相。

图 3.8　Kraton 测线 PNE4 炮地震剖面记录之一(引自 L. NIELSEN et al., 2003)

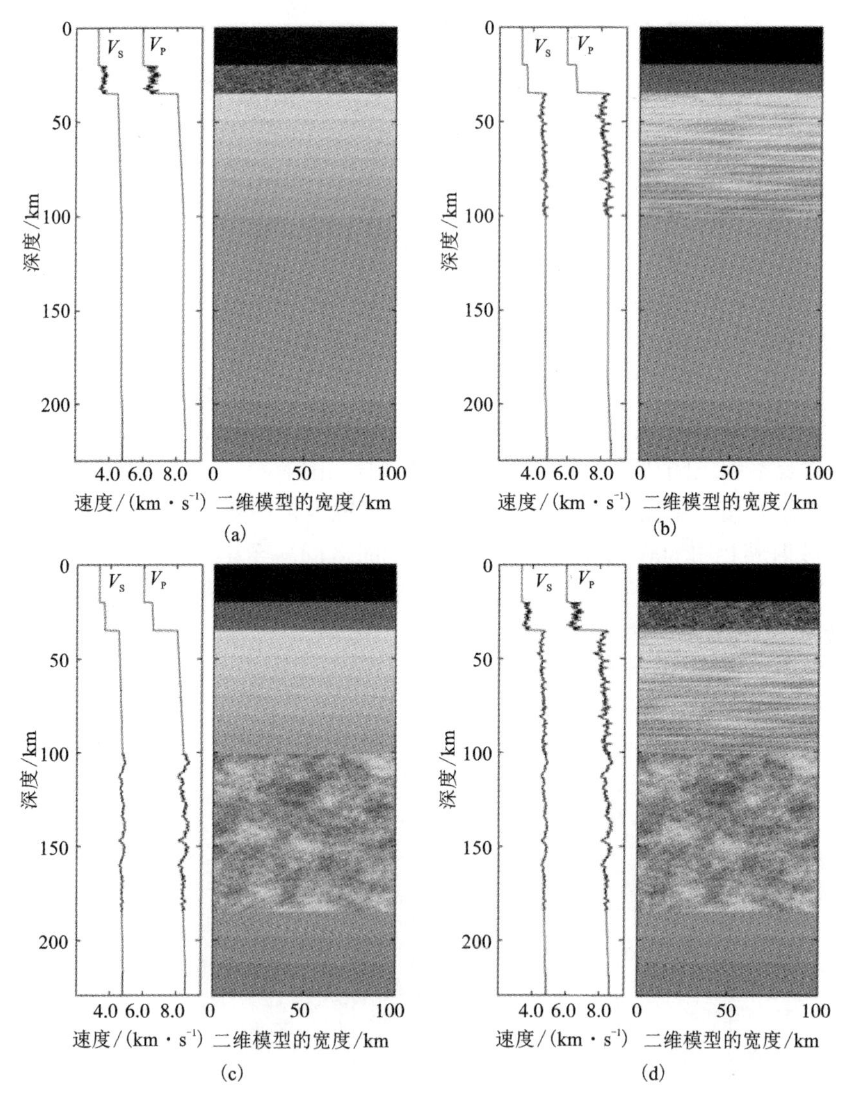

模型图像左侧显示对应的一维 P 波及 S 波速度结构。(a)散射体存在于下地壳(A. R. LEVANDER and K. HOLLIGER, 1992)；(b)散射体位于莫霍面下至 100 km 深度范围(T. RYBERG et al., 2000)；(c)散射体位于 100~185 km 深度范围内(L. NIELSEN et al., 2002)；(d)结合前三种所有可能存在的深度范围。

图 3.9　上地幔散射体可能存在深度范围模型图(引自 L. NIELSEN et al., 2003)

3.3.3 上地幔低速带

核爆数据的研究结果表明上地幔具有很强的非均匀性。在西西伯利亚块体中的盆地、西伯利亚克拉通和东欧克拉通地区，从莫霍面到150~200 km深度的上地幔，由一系列高低速交替的薄层(30~50 km)组成(图3.10)，且层深度和速度存在显著的横向变化(K. FUCHS, 1997)。欧亚大陆下方观测到的低速带深度与全球观测到的上地幔低速带的深度范围大致一致，二者顶部界面深度都在100 km左右(H. THYBO and E. PERCHUĆ, 1997; A. RODGERS and J. BHATTACHARYYA, 2001)，然而该研究区下方低速带的地震波速度要明显高于全球大陆平均值，与前寒武纪地区观测到的地震波速度值相当。

对于欧亚大陆地幔观测到的位于不同深度范围的多个低速带的起源尚有争议，且已知该速度异常与重力异常无关。其中一个简单的解释为，由于温度及压力均随深度增加而增加，而低速带所处的深度范围正好速度随压力增加而增大的速率小于速度随温度升高而减少的速率(O. L. ANDERSON et al., 1968)，但是这个猜想似乎只适合解释克拉通地幔中低速带的存在。西西伯利亚盆地QUARTZ剖面下方140~180 km深度范围存在的低速带(P波速度约为8.3 km/s)被认为与部分熔融相关，且该低速带的顶部被认为是岩石圈底界面(LAB)，而低速带底部被认为对应莱曼间断面(E. A. MOROZOVA et al., 1999)。此外，部分数据结果表明在80~220 km深度的上地幔可能存在多个低速带。然而并非所有的核爆剖面下方都能观测到130~160 km深度存在低速带(如存在于QUARTZ和RUBIN-1剖面下方)，而在CRATON、METEORITE、KIMBERLITE和RIFT剖面下方至410 km深度都没有证据表明该低速带的存在。因此，如果定义岩石圈为高速地震盖层，当上地幔存在多个低速带时，将不确定到底哪个低速带的顶界面应被解释为岩石圈的底界面。软流圈的定义为岩石圈下的机械薄弱层(J. BARRELL, 1914)，具有低地震波速度、高衰减(相较于岩石圈$Q>600$，软流圈Q值大约为80)、高电导率的特点(D. FORSYTH, 1975; T. J. SHANKLAND et al., 1981; A. M. DZIEWONSKI and D. L. ANDERSON, 1981)。因此，低速带更可能为岩石圈的内部结构，无法直接等价软流圈，且不同构造背景区域(包括太古宙—古元古宙的西西伯利亚块体及古生代的裂谷和盆地)下方低速带深度的相似性表明，低速带或许是地幔矿物颗粒或橄榄岩粒径大小随深度变化导致。

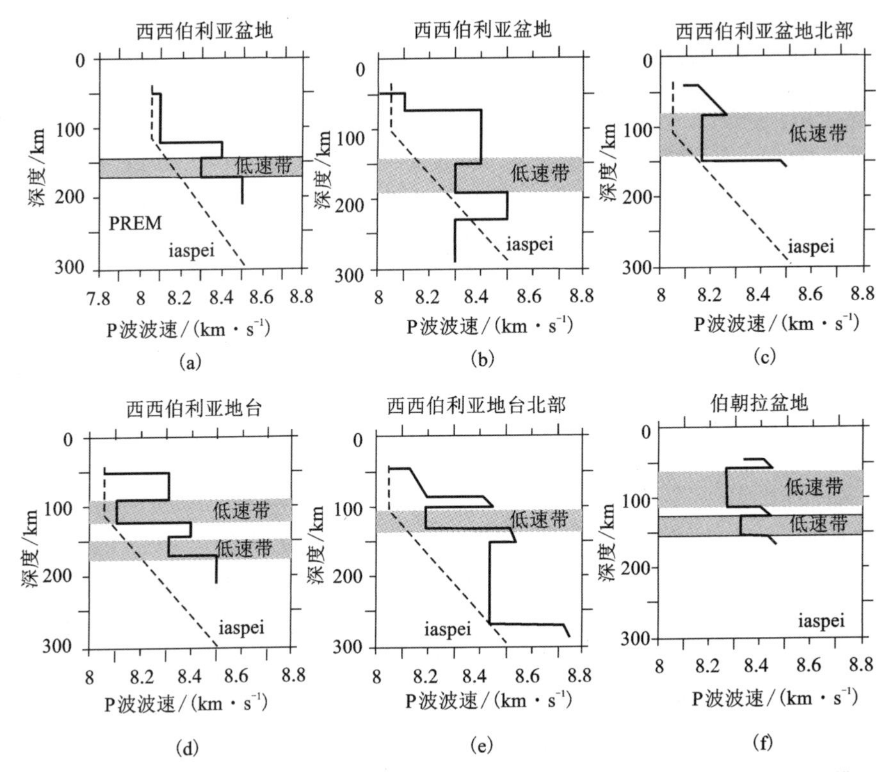

图中细实线为 PREM 模型，虚线为 IASP91 模型，粗实线为各构造单元下方上地幔 1D 速度模型：(a)Craton 剖面(A. V. EGORKIN et al., 1987)西西伯利亚盆地；(b)QUARTZ 剖面(E. A. MOROZOVA et al., 1999)西西伯利亚盆地；(c)HORIZONT 剖面(J. A. BURMAKOV et al., 1987)西西伯利亚盆地北部；(d)Craton 剖面(A. V. EGORKIN et al., 1987)西伯利亚地台的通古斯卡洼地；(e)HORIZONT 剖面(J. A. BURMAKOV et al., 1987)西伯利亚地台北部；(f)伯朝拉盆地。

图 3.10 从超长核爆剖面得到的 2D 速度模型中提取欧亚大陆各构造单元下方的上地幔 1D 速度模型
(引自 I. M. ARTEMIEVA, 2011)

3.3.4 莱曼间断面

核爆数据的宽角反射/折射研究揭示了在 210 km、410 km、520 km 及 660 km 深度存在速度跳变(图 3.5)。丹麦女地球物理学家 Inge Lehmann(1888—1993)通过宽角反射/折射方法研究欧洲的地震数据和北美克拉通的 GNOME 核爆数据，发现地下 220 km 左右存在一个速度增幅大约为 2% 的间断面(I. LEHMANN, 1959, 1961, 1964)，并将其命名为莱曼(Lehmann)间断面。

近年来的研究指出，莱曼间断面可能是深度约为 220 km(现扩展到 160~220 km 的深度范围)的全球间断面，且被认为是上地幔低速带的底部(H. THYBO and E. PERCHUĆ, 1997)。地球的各向同性模型(PREM)要求上地幔必须存在一个剪切波速度下降5%~10%的低速带，这意味着上地幔在该深度范围发生了显著的熔融，莱曼间断面则为该低速带的底界面。然而自1990年，基于地震面波SH分量叠加的全球或大陆尺度的地震学研究却没有发现莱曼间断面存在的明显证据，这表明如果该间断面的存在具有全球性，那它的深度范围分布应变化很大。研究表明，莱曼间断面的深度与构造背景密切相关，在构造活动区域深度浅，而在稳定的克拉通下方较深(J. REVENAUGH and T. H. JORDAN, 1991)。基于长周期SS前驱波的莱曼间断面存在性研究却表明，该间断面并非全球间断面，其存在具有区域性，仅存在于大陆和岛弧之下(J. E. VIDALE and H. M. BENZ, 1992; A. DEUSS and J. H. WOODHOUSE, 2004)，且在大陆区域，观测到莱曼间断面的频率是海洋下的两倍，其中在欧亚大陆和非洲大陆下方，观测信号最为明显(图3.11)，在南美洲和澳大利亚西部地区也探测到能量较弱的来自莱曼间断面的反射信号。然而在北美大陆下方，几乎没有任何证据能证明莱曼间断面的存在(Y. L. GU et al., 2001)。此外，在不同研究区域，来自莱曼间断面的相关震相在相位和振幅上具有显著差异，因此该间断面并不能简单解释为具有正速度梯度的水平间断面。

对莱曼间断面性质的研究表明它的起源或许与岩石圈的结构相关，在稳定的大陆区域，一些对莱曼间断面起源的解释与地震学岩石圈的概念非常相近。具体来说，莱曼间断面可解释为以下几点：

(1)大陆克拉通下具有不同岩石学特征的化学边界层的底部(T. H. JORDAN, 1978)。

(2)稳定大陆岩石圈内部部分熔融层的底界面(J. E. VIDALE and H. M. BENZ, 1992; A. L. HALES, 1991; H. THYBO and E. PERCHUĆ, 1997)。

(3)晶粒尺寸在该间断面深度从上地幔顶部的毫米级变为地幔过渡带顶部的厘米级(U. H. FAUL and I. JACKSON, 2005);

(4)上地幔地震各向异性结构在该间断面深度发生突变(J. P. MONTAGNER and D. L. ANDERSON, 1989; J. B. GAHERTY and T. H. JORDAN, 1995)。这种变化可能是橄榄石的优势取向随着形变机制发生改变(从上地幔顶部有利于产生各向异性结构的位错蠕变变为深部地幔有利于产生各向同性结构的扩散蠕变)而改变导致的(S. I. KARATO, 1992)。该猜测被A. DEUSS和J. H. WOODHOUS(2004)基于从层析成像模型中获得对应深度区域速度扰动，计算得到的地震学克拉佩龙斜率(seismological Clapeyron slope)(dP/dT)所证实。在速度扰动完全由温度变化引起的假定下，他们发现除中东地区(正克拉佩龙斜率)外，莱曼间断面的全球特征为负克拉佩龙斜率(图3.12)，然而上地幔中已知的所有相变都具有正的克拉佩龙斜率，同时他们认为中东地区观测到具有正克拉佩龙斜率的莱曼间断面对应柯石英到石英的相变。而唯一能解释负克拉佩龙斜率的只有从位错蠕变到扩散蠕变的形变机制变化。然而，对北美的地震学研究表明，在北美大陆下方几乎找不到莱曼间断面存在的证据(L. P. VINNIK et al., 2005)，这使得莱曼间断面起源于各向异性变化的解释受到了质疑，毕竟基于该解释，莱曼间断面更应为全球范围均可观测到的间断面。

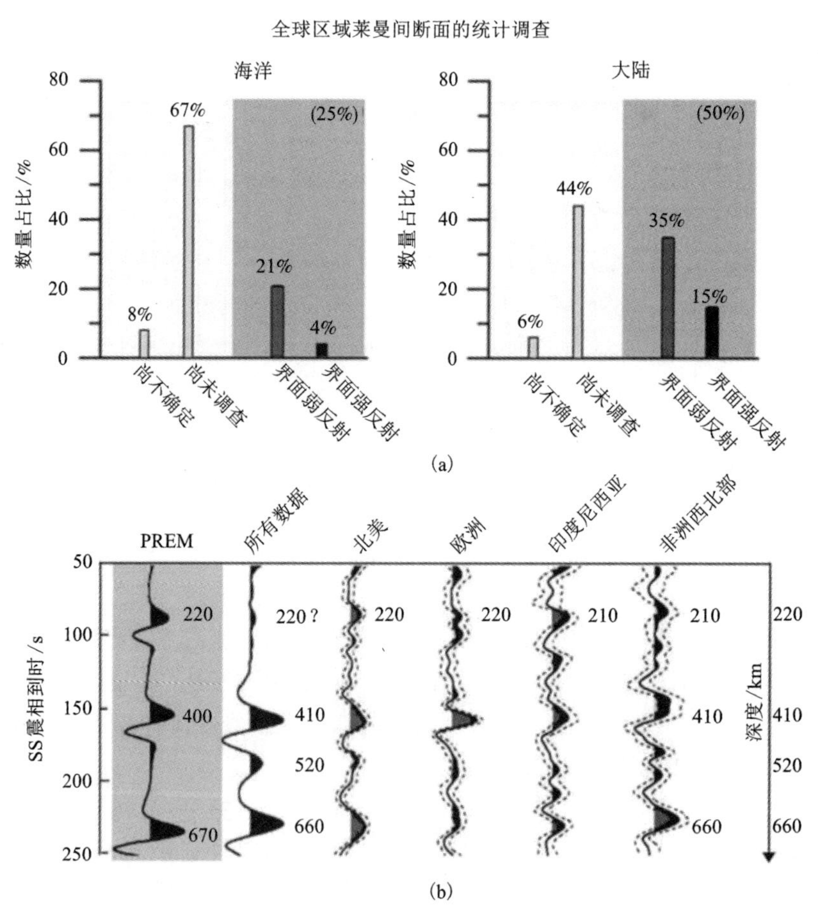

(a)全球区域莱曼间断面的统计分析(引自 Y. J. GU et al., 2001)。在75%的海洋区域下方未发现深度在220 km左右的莱曼间断面存在的证据。(b)基于PREM模型合成理论地震图与真实数据叠加结果(引自 A. DEUSS and J. H. WOODHOUSE, 2004)。虚线表示置信水平为95%的区域叠加结果，灰色区域表示最低置信度仍高于0的稳定反射。

图 3.11 莱曼间断面的全球研究

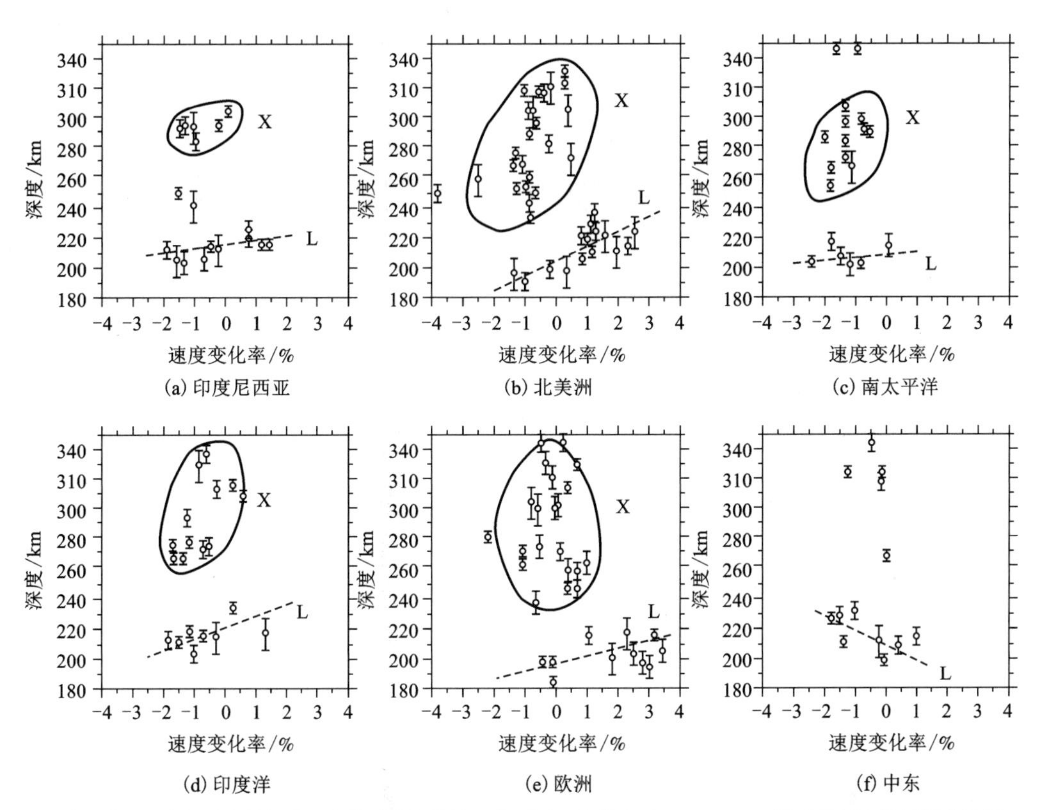

不同区域的深度与对应剪切波速度扰动的相关性函数不同。虚线表示 180~240 km 深度范围内的近似克拉佩龙斜率（dP/dT），除中东地区外，其余地区的克拉佩龙斜率均为负，如图(e)欧洲地区 $dP/dT=-1.42\pm0.28$ MPa/K。误差棒表示深度测量时的标准误差。

图 3.12　不同地区相同深度范围内观测到稳定反射对应的速度扰动

（引自 A. DEUSS and J. H. WOODHOUSE，2004）

3.4　小结

本章概述了核爆震源宽角反射/折射剖面的研究历史，详细介绍了核爆剖面各震相走时、振幅特征，并归纳总结了已有研究成果。前人研究表明，相较于传统人工源宽角反射/折射方法，基于核爆震源的宽角反射/折射剖面弥补了传统震源能量小、较难约束精细上地幔结构的缺陷，同时保留了高分辨率特点，能精细反映地壳、上地幔乃至地核的结构，这为本书接下来基于朝鲜核爆数据开展宽角反射/折射研究提供了系统全面的认识。

第 4 章　朝鲜核爆源深地震测深剖面成像

4.1　研究区域及台站信息

本书研究区域为中朝克拉通东北缘，包括中朝克拉通的中、东部陆块及邻区，具体位置如图 4.1 所示。目前，对该区域地壳及上地幔结构的约束主要来自地表地质、地球化学和较大尺度的区域地震学成像等研究。由于大当量的人工爆破很难在人口密集的华北地区实施，因此该区域利用深地震测深方法研究整个上地幔精细圈层结构的工作较少。并且，受台站分布的限制，对克拉通东部朝鲜半岛的地壳结构研究也很少。为此，基于中国国家地震台网和部分流动台站记录的朝鲜第六次核爆地震数据，本书利用宽角反射/折射成像方法，获得了中朝克拉通东部及邻区 5 个不同方位剖面的高垂向分辨率一维地壳和上地幔 P 波速度结构，揭示了中朝克拉通东北缘与全球“稳定”克拉通和“活跃”构造带之间的结构差异，并探讨了中朝克拉通“破坏”的程度，为认识克拉通“活化”的过程提供了新的地震学约束。

本研究共搜集了中国境内 291 个宽频带地震台站所记录的朝鲜第六次核爆(2017 年 9 月 3 日)三分量宽频带连续波形资料，具体台站分布如图 4.1(三角形)所示。其中，15 个台站属于中国科学院地质与地球物理研究所在中国东北地区布设的流动地震台阵，其余台站属于中国国家数字地震台网(CNDSN)。数据采样频率为 10 Hz，台间距为 20~100 km，考虑到体波的穿透深度超过几百公里、波长约为几公里，20~100 km 的台间距足以分辨上地幔尺度的一维精细结构。

我们依据事件方位角将所有台站细分为 5 个剖面(图 4.1，灰色虚线框)，并将每条剖面上所有台站记录的波形数据按震中距排列。受台站分布限制，5 条地震剖面的长度不同：剖面 1 的震中距范围为 141~998 km；剖面 2 的震中距范围为

113~1144 km；剖面 3 的震中距范围为 211~2487 km；剖面 4 的震中距范围为 348~2485 km；剖面 5 的震中距范围为 733~2478 km。原始地震记录(图 4.2)显示，五条剖面的数据信噪比均很高，且传播距离远，可以直观地看到体波(上地幔折射波 Pn)和面波信号。值得注意的是，在 5 条剖面的初至波及面波信号之间，均可观测到一组强振幅、高信噪比续至波。在剖面 1、剖面 2 和剖面 3，该震相可观测震中距超 1000 km；在剖面 3，可观测震中距达 1400 km；在剖面 4 和剖面 5，该震相最大震中距达 800 km。此外，在剖面 1 和剖面 3，紧随初至波后还可观测到一组连续后至震相。

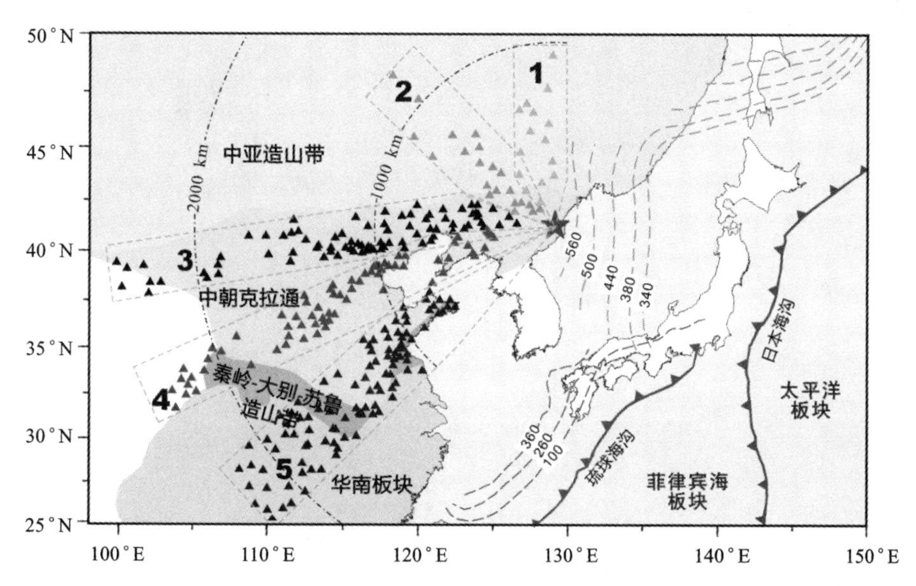

图中红色五角星对应朝鲜地下核试验所在位置(41.303°N，129.070°E)，不同颜色的三角形表示不同剖面对应的宽频带地震台站。蓝色锯齿线表示由西太平洋板块俯冲形成的日本海沟和由菲律宾海板块俯冲形成的琉球海沟(P. BIRD，2003)。蓝色和紫色虚线分别表示太平洋板块和菲律宾海板块的俯冲深度等值线(G. P. HAYES et al.，2018)。

图 4.1　东亚构造略图及中国东部宽频带地震台站分布

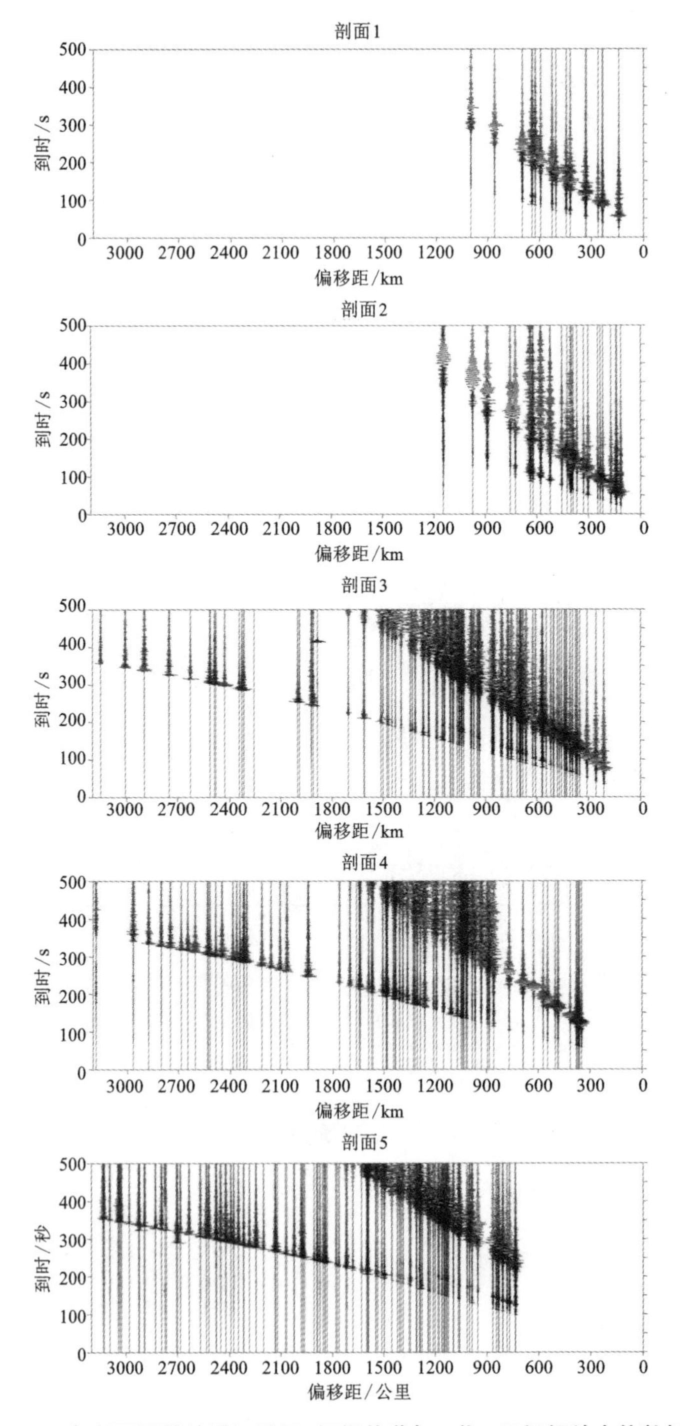

图 4.2　五条剖面原始地震记录图(振幅单道归一化，且振幅放大倍数相同)

4.2　数据预处理及震相到时拾取

我们将原始核爆地震记录按照 8.0 km・s 的速度进行折合，并对折合后 −10~51 s 时窗内的波形进行去均值、去线性趋势、0.1~4 Hz 带通滤波和振幅归一化等预处理，获得折合后的核爆剖面记录(图 4.4~图 4.8)。相较于原始剖面，处理后的剖面主要震相信噪比得到了显著提高。

我们利用交互式软件 zplot 拾取震相到时，拾取误差为 100~300 ms。实际拾取的各剖面震相到时如图 4.4~图 4.9 所示。总体来说，我们观测得到的震相可分为两类：①地壳尺度震相，主要包括来自莫霍面的一次反射震相(PmP)和二次反射震相(PmPPmP)；②地幔尺度震相，主要包括来自上地幔顶部的折射震相 Pn、来自上地幔内部间断面的反射震相 PxP、来自 Lehmann 间断面的反射/折射震相(PL)、来自地幔过渡带顶部“410 km”间断面的反射震相 P410 及多次波震相 PxPPmP。

5 条剖面中，PmP 震相均清晰且可被连续追踪，震相视速度相近，约为 6.17 km/s，即地壳平均速度约为 6.17 km/s。在剖面 1、剖面 2 和剖面 4 中，PmP 震相最大偏移距达 700 km；在剖面 3 和剖面 5 中，该震相可被连续追踪至偏移距大于 1000 km 处。各剖面 PmP 震相极其相近的视速度表明中朝克拉通东北缘地壳平均速度结构具有较强的相似性，但在不同方位的剖面中，震相可识别的最大偏移距的不同又表明壳内速度梯度大小和地震波衰减属性等仍存在区域差异性。

受台站分布的限制，仅在剖面 1、剖面 2、剖面 3 和剖面 4 可观测到到时滞后于 PmP 震相的高信噪比 PmPPmP 震相，我们初步判定该震相为来自莫霍面的二次反射震相。

在 200~1300 km 偏移距范围内，上地幔顶部折射震相 Pn 作为首波出现，且沿 5 条剖面该震相折合到时均为 5~6 s，视速度未随偏移距增大而明显变化，稳定在 8.00 km/s 左右。出现这种特殊的现象，可能是因为上地幔顶部存在低速层致使平均速度偏低，也可能是因为沿剖面地壳厚度东“薄”西“厚”造成大偏移距的 Pn 震相到时相对滞后。

在剖面 3，紧随初至到达的是来自上地幔内部间断面(Intra−lithospheric discontinuity，ILD)的反射震相 PxP。该震相特征清晰，视速度约为 8.10 km/s，约在大于 300 km 偏移距的位置出现，可被连续追踪至 700 km 附近。然而，该震相折合到时在偏移距较大时与初至波 Pn 相近，到时拾取的难度较大。为此，我们截取 5~10 s 的原始折合波形记录，先进行振幅单道归一化，再对振幅进行平方处理(图 4.3)，至此便可以清晰地识别紧随初至波到达的 PxP 反射震相，该震相视速度约为 8.10 km/s。

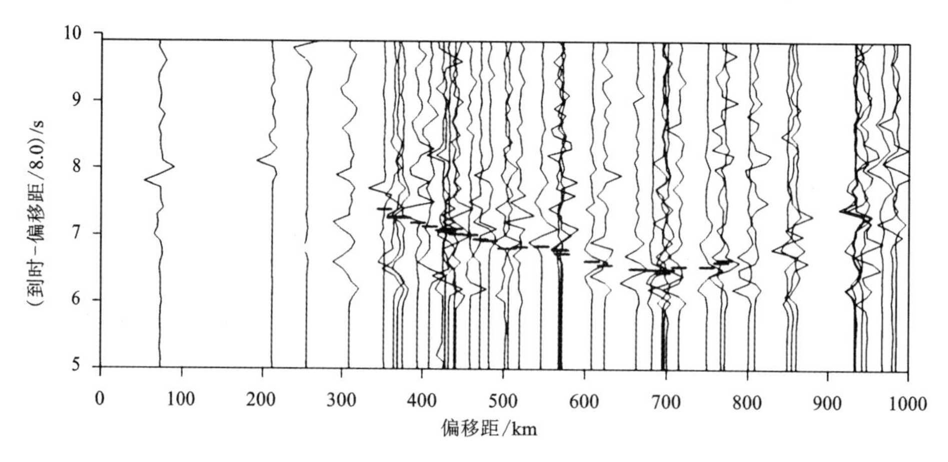

虚线为拾取的 PxP 震相到时。

图 4.3 PxP 震相识别(剖面 3)

在五条剖面中 400~1000 km 震中距范围内均可观测到多次波震相 PIPPmP，其折合走时曲线与 PIP 震相近乎平行，折合到时稳定在 12~14 s，初步判定该震相为依次在间断面 ILD 和莫霍面发生反射的多次波。

来自 Lehmann 间断面的反射/折射震相 PL 和来自地幔过渡带顶部界面(“410 km”间断面)的反射震相 P410 在剖面 3、剖面 4 和剖面 5 中均有记录。其中，各剖面中 P410 震相的视速度(约为 10 km/s)及到时均较一致；在剖面 3 中，PL 震相的视速度(约为 8.35 km/s)略大于剖面 4 和剖面 5(二者相近)。但不同剖面两种震相首次可被观测的初始震中距略有不同，即不同剖面震相发生临界反射的震中距存在差异。其中，在剖面 3、剖面 4 和剖面 5，PL 震相临界反射点对应的震中距分别为 1350 km、1200 km 和 1000 km，P410 震相临界反射点对应的震中距分别为 1400 km、1300 km 和 1200 km，这表明不同剖面下方 Lehmann 间断面和“410 km”间断面的上下速度差不同。其中，剖面 5 所记录的 PL 震相和 P410 震相可被观测的初始震中距最近，分别在 1000 km 和 1200 km 附近，剖面 4 次之。这意味着在剖面 5 下方，Lehmann 间断面和“410 km”间断面处 P 波速度变化最为剧烈，存在强速度差异；相较之下，剖面 3 下方的 Lehmann 间断面和“410 km”间断面处 P 波速度变化最为和缓，速度差异最小。

将 5 条剖面主要震相的到时画在一幅图中(图 4.9)，不难看出这些震相的到时、振幅和视速度特征都极其相似，这意味着五条剖面下方的地壳和上地幔整体结构特征也是相近的。据此，我们选取信噪比最高的剖面 3 进行震相走时反演及振幅正演模拟，以获得中朝克拉通东北缘一维高垂向分辨率地壳及上地幔 P 波速度结构。

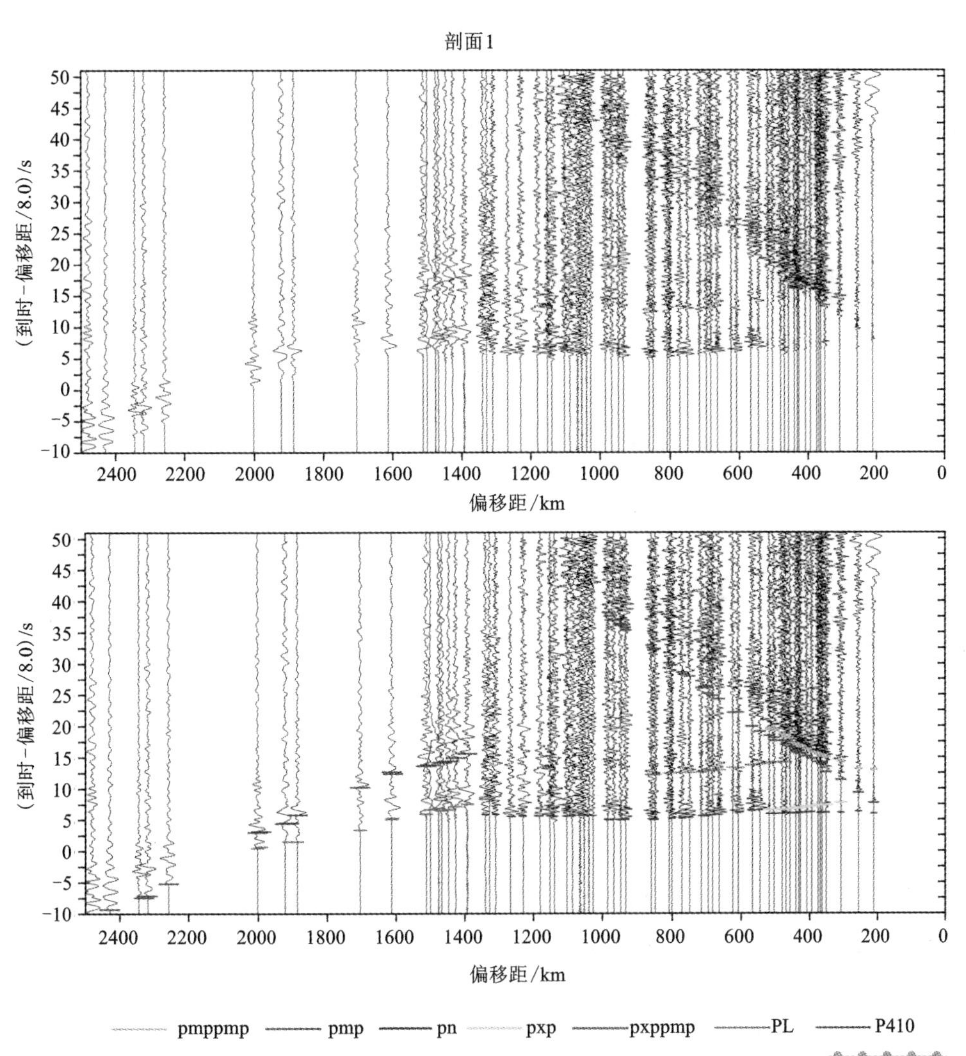

震相标注如下：PmP 为来自莫霍面的一次反射震相；Pn 为上地幔顶部折射震相；PxP 为来自岩石圈内部间断面的一次反射震相；PL 为来自上地幔莱曼间断面的一次反射；P410 为来自地幔过渡带顶部界面的一次反射；PmPPmP 和 PxPPmP 为二次反射震相。

图 4.4　剖面 1 折合地震记录(折合速度为 8.0 km/s)及震相识别

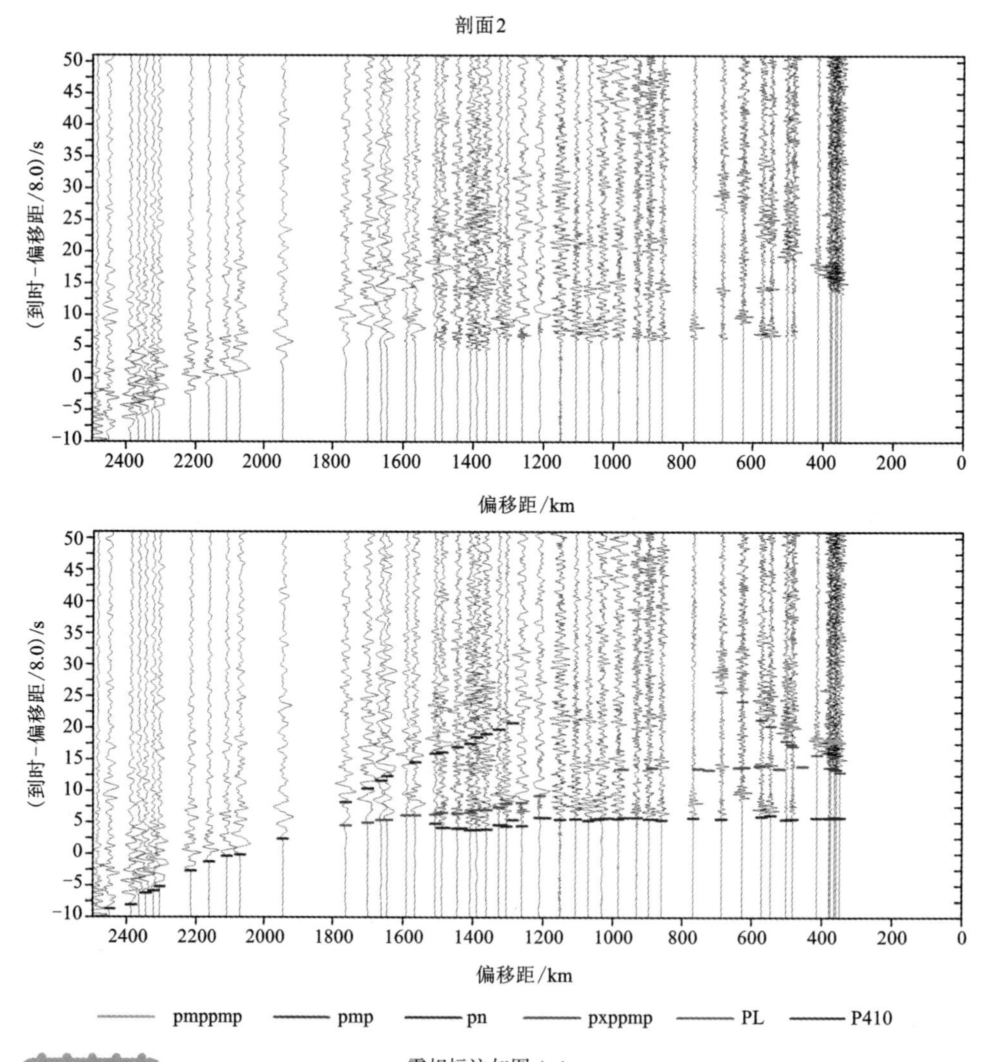

震相标注如图 4.4。

图 4.5　剖面 2 折合地震记录(折合速度为 8.0 km/s)及震相识别

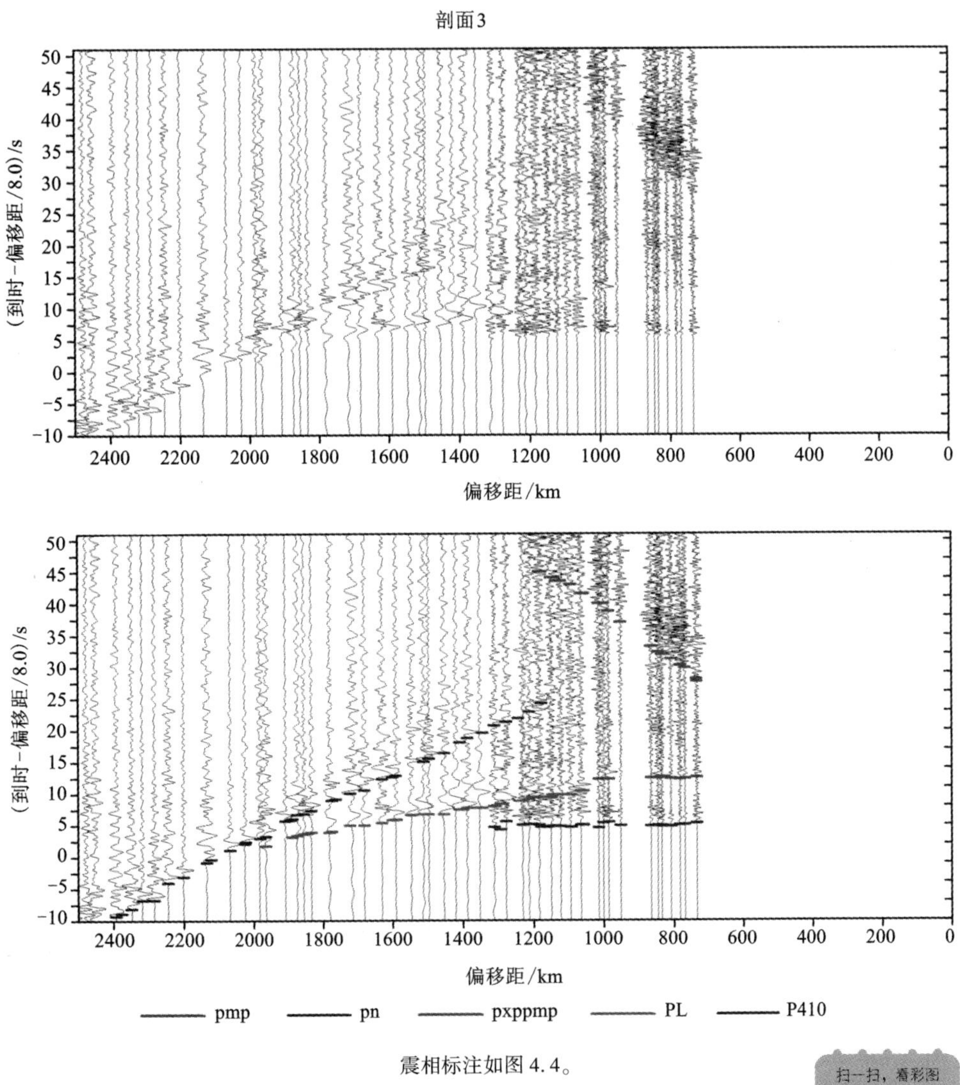

震相标注如图 4.4。

图 4.6　剖面 3 折合地震记录(折合速度为 8.0 km/s)及震相识别

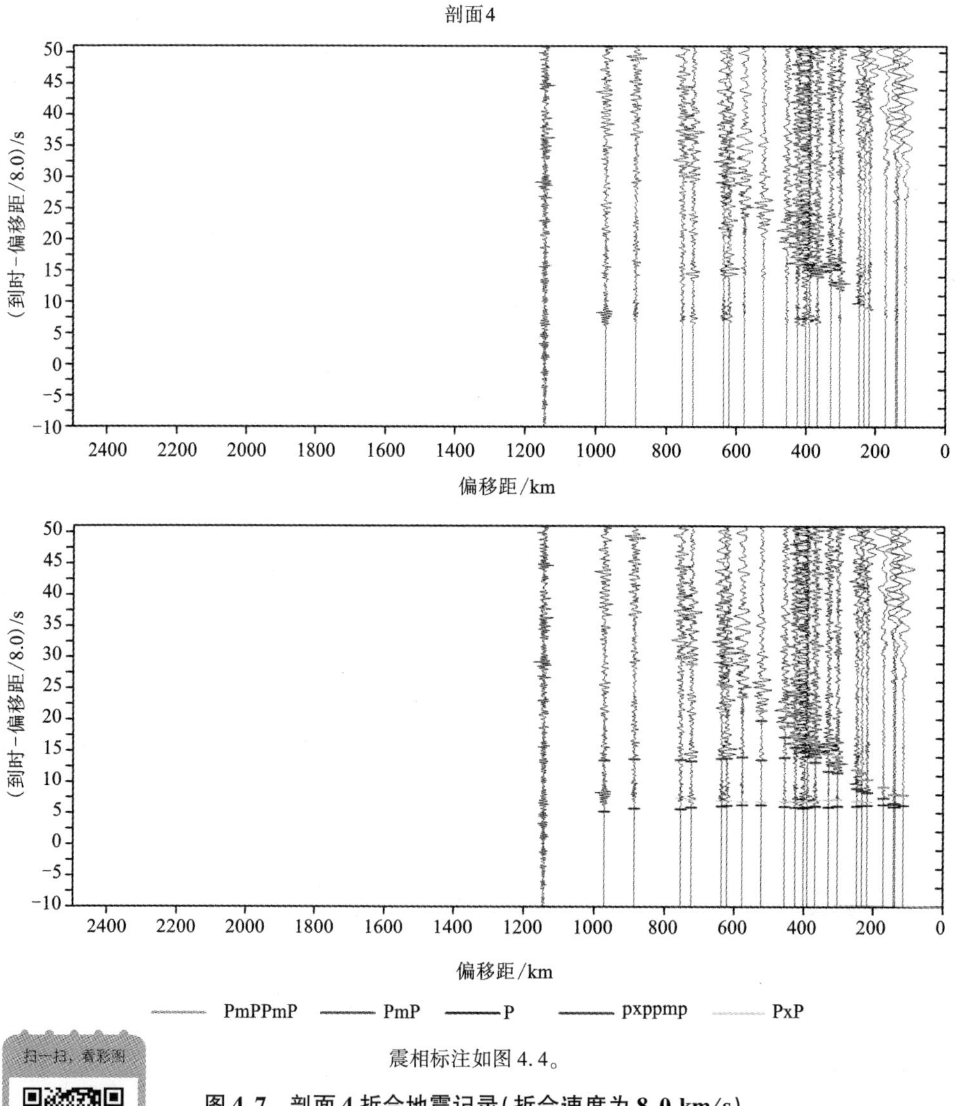

震相标注如图4.4。

扫一扫，看彩图

图 4.7 剖面 4 折合地震记录(折合速度为 8.0 km/s)及震相识别

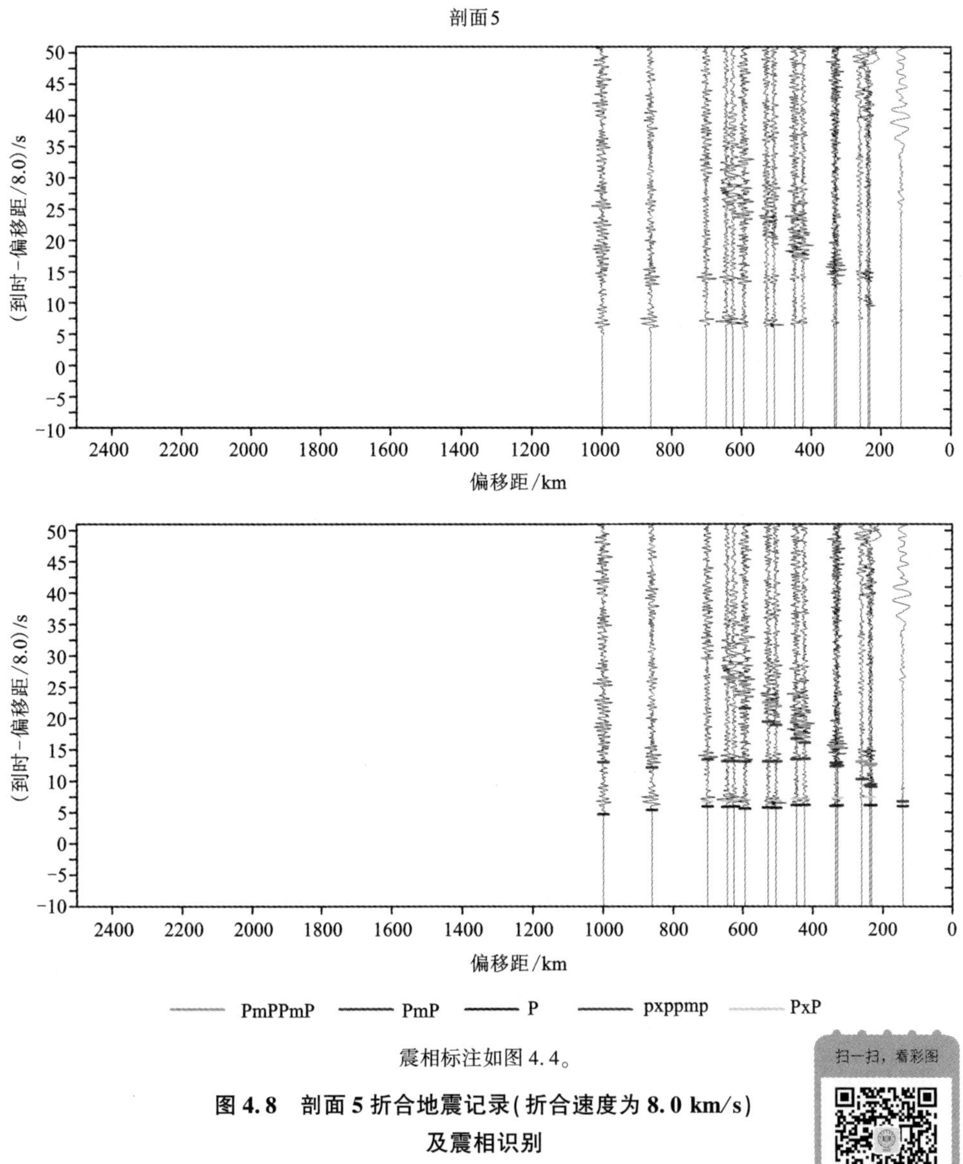

震相标注如图4.4。

图4.8　剖面5折合地震记录(折合速度为8.0 km/s)及震相识别

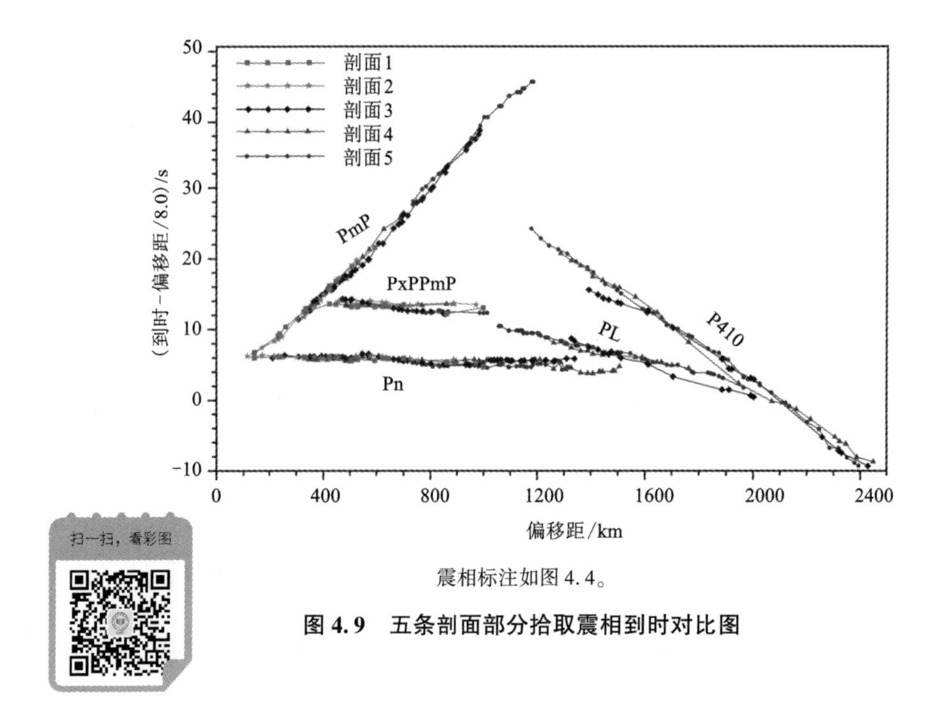

震相标注如图 4.4。

图 4.9　五条剖面部分拾取震相到时对比图

4.3　地震剖面 3 中震相走时反演

本小节将基于剖面 3 中的震相到时初步反演获得华北克拉通东北缘的地壳及上地幔结构。图 4.11(a)、图 4.11(b)为剖面 3 下方的地壳初始速度模型(基于 Nccrust 模型插值得到；B. XIA et al., 2017)，其中地壳厚度从剖面东部约 30 km 增至剖面西部约 45 km，与地表地形(图 4.10)呈镜像相关。地壳厚度及地表地形高程的变化均会影响震相走时。相较于薄地壳，存在厚地壳的区域下方来自上地幔的震相到时整体滞后。在剖面 3，上地幔折射震相(P)的视速度并未随震中距的增大而增大(图 4.6)，造成这一特殊现象的原因可能有两种：①震中距大于 1200 km 后地壳厚度明显增厚；②地幔存在低速带。

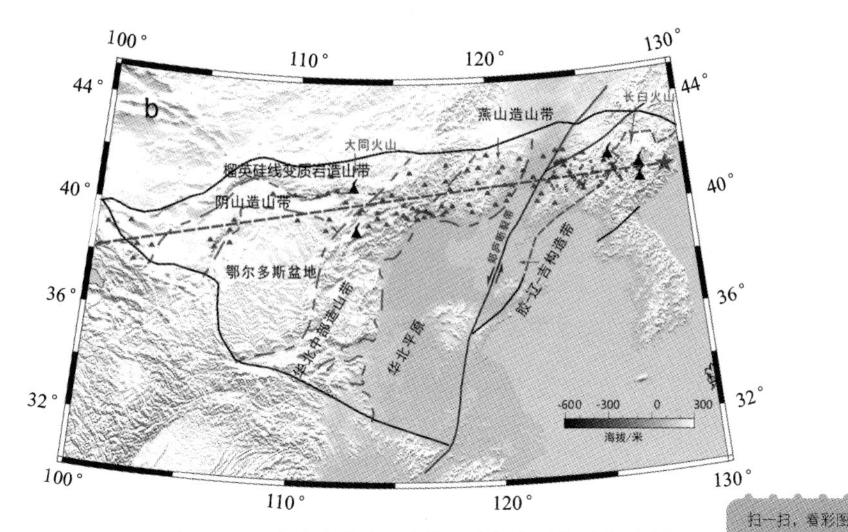

黑色实线表示中朝克拉通边界，灰色虚线表示克拉通内部主要构造单元边界，蓝色实线表示郯庐断裂带，红色五角星表示朝鲜第六次核爆位置，红色三角形表示台站，黑色圆圈表示 PmP 震相反射点在地表的投影。DTV：大同火山；CBV：长白火山。

扫一扫，看彩图

图 4.10　剖面 3 台站分布和区域地形

4.3.1　走时校正

为消除地壳厚度变化对上地幔震相到时的影响，获得仅反映上地幔结构的地震剖面，从而便于判断上地幔低速带是否存在，我们使用射线追踪程序 RAYINVR (C. A. ZELt and R. B. SMITH，1992)分别计算了精细地壳厚度模型与恒定地壳厚度模型(中朝克拉通东部平均地壳厚度约为 30 km)之间上地幔折射波的到时差[图 4.11(e)]，以及地表地形起伏造成的到时滞后。结果表明，莫霍面起伏对初至波到时影响较大，剖面西部初至波到时因莫霍面厚 15 km 而滞后约 2 s。对地形起伏及地壳厚度起伏进行校正，校正后的地震折合记录(图 4.12)依然显示，初至震相 P 的视速度在 300~1400 km 震中距范围内变化较小，约为 8.05 km/s，暗示中朝克拉通东北缘上地幔存在低速带。

4.3.2　走时反演

我们使用 zplot 软件重新拾取走时校正后剖面 3 的各震相到时(图 4.12)，拾取精度为 100~300 ms，然后利用基于射线追踪的二维走时正反演程序 RAYINVR (C. A. ZELt and R. B. SMITH，1992)，通过拟合折射和反射震相的走时来共同约束层速度和层厚度，最终获得中朝克拉通东北缘上地幔一维速度模型[图 4.13(d)]。基于该简单一维模型计算得到的各震相理论到时与观测到时之间的残差约为 500 ms，表明中朝克拉通东北缘地壳和上地幔结构横向变化较小。

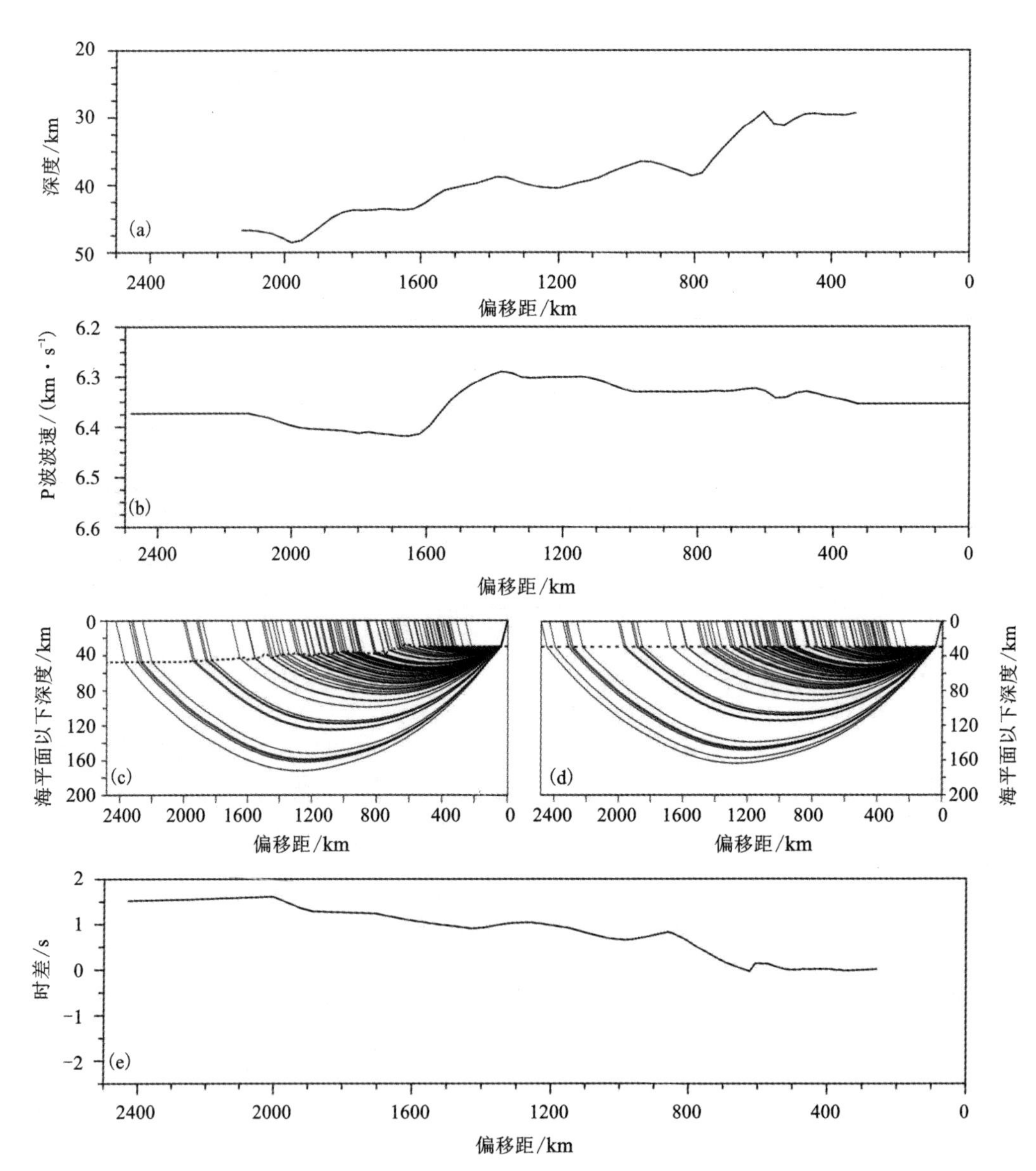

剖面 1 下方地壳厚度变化(a)和平均地壳速度(b)，二者均基于 Nccrust 模型(B. XIA et al.，2017)插值得到。(c)和(d)分别为基于真实地壳模型和标准地壳模型(地壳厚度固定为 30 km)计算得到的上地幔折射波射线路径。(e)基于真实地壳模型和标准地壳模型计算得到的上地幔折射波到时差。

图 4.11　地壳厚度变化对初至到时的影响

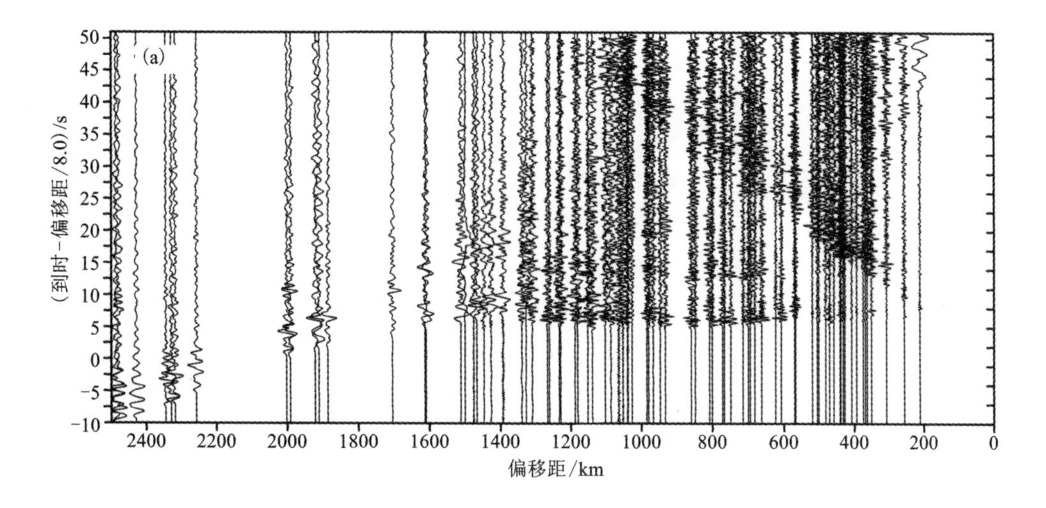

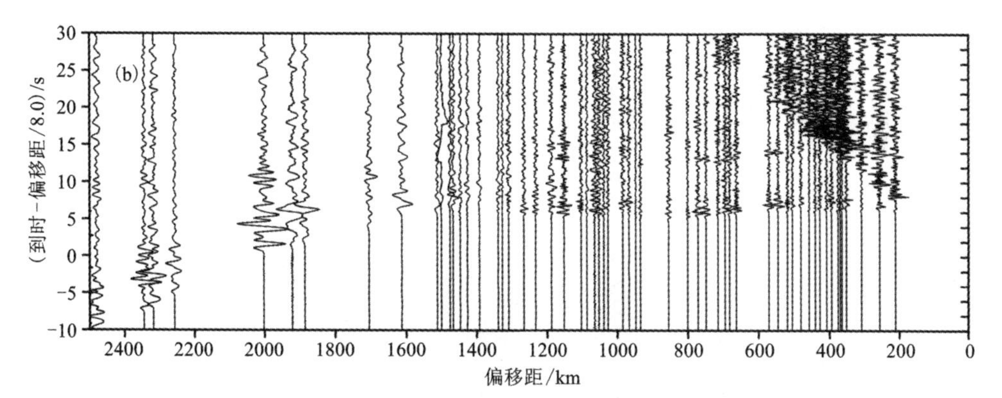

(a)振幅归一化后地震折合记录。(b)校正球形扩散效应后具有真实振幅的地震折合记录。其中球形扩散振幅校正系数为 $0.000005X^{0.8}$，X 为该单道记录对应的震中距，单位为 km。震相标注如图 4.4。

图 4.12　去均值、线性趋势、0.1–3Hz 带通滤波和校正地形和 Moho 起伏影响后剖面 3 地震折合记录(折合速度为 8.0 km/s)

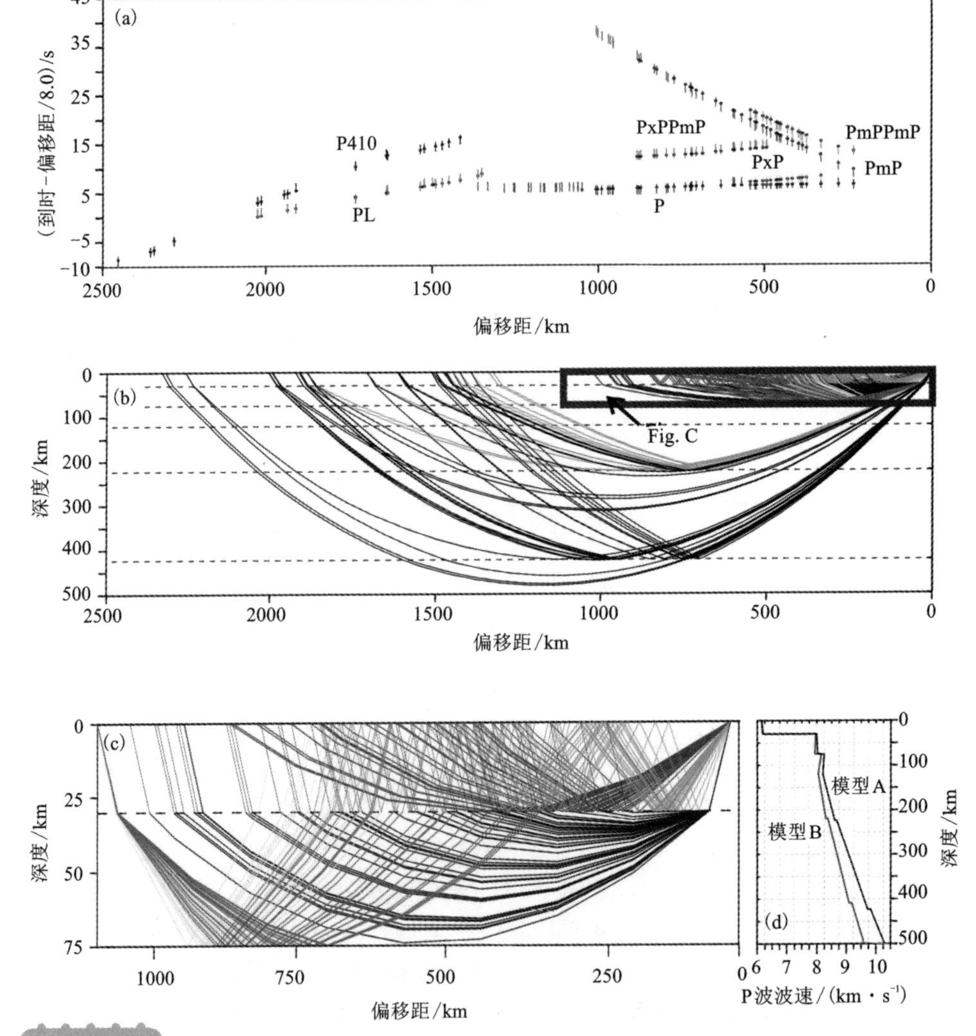

(a)震相走时拟合结果。误差棒的中心表示拾取的走时，长度为手动拾取误差的2倍，黑色圆点为基于Model A计算得到的理论到时。(b)所有震相的射线路径，说明了该上地幔模型的约束范围和分辨率。不同震相的射线用不同颜色表示，含义同图4.4。(c)图b中矩形框的放大图。(d)基于射线追踪获得的最终模型(Model A)和逆展平变换后的模型(Model B)，该模型为考虑了地球曲率。

图4.13　震相走时拟合及射线覆盖

4.3.3　反演结果

走时反演结果表明，中朝克拉通东北缘地壳平均厚度为 30 km，地壳平均速度为 6.17 km/s；PmP 震相的超长传播距离(最大可观测震中距达 1200 km)表明地壳垂向速度梯度小(不超过 0.002 s^{-1})、壳内衰减及散射弱；上地幔顶部 P 波速度约为 8.00 km/s；PxP 震相为来自约 75 km 深的岩石圈内部间断面的反射震相。

此外，我们还论证了 PmPPmP 震相为在莫霍面发生两次反射的多次波震相[图 4.14(a1)]，而 PxPPmP 为先后在 75 km 深岩石圈内部间断面和莫霍面发生反射的多次波震相[图 4.14(b3)]、转换波震相[图 4.14(c1)]、上地幔折射波在莫霍面发生二次反射形成的多次波震相[图 4.14(b4)、图 4.14(b5)]的叠加。在莫霍面发生二次反射形成的超强振幅 PmPPmP 和 PxPPmP 震相再次表明壳内平均速度低、莫霍面上下层速度差异巨大(从 6.20 km/s 增至 8.00 km/s)。

上地幔折射波震相(P)的到时滞后表明上地幔低速带位于 120 km 以下。来自莱曼间断面和“410 km”间断面的反射/折射震相走时为上地幔平均速度结构提供了进一步约束。震相到时拟合表明，莱曼间断面位于约 220 km 深度，层内平均速度约为 8.35 km/s；“410 km”间断面位于约 410 km 深度，层内平均速度为 8.83 km/s。

RAYINVR 直接反演得到的模型[图 4.13(d)，模型 A]是基于水平层状假设，未考虑地球的曲率。为此，我们在模型 A 的基础上进行了逆展平变换(Biswas, 1972)，得到球状地球模型下中朝克拉通东北缘地壳及上地幔的初步速度结构[图 4.13(d)，模型 B]。

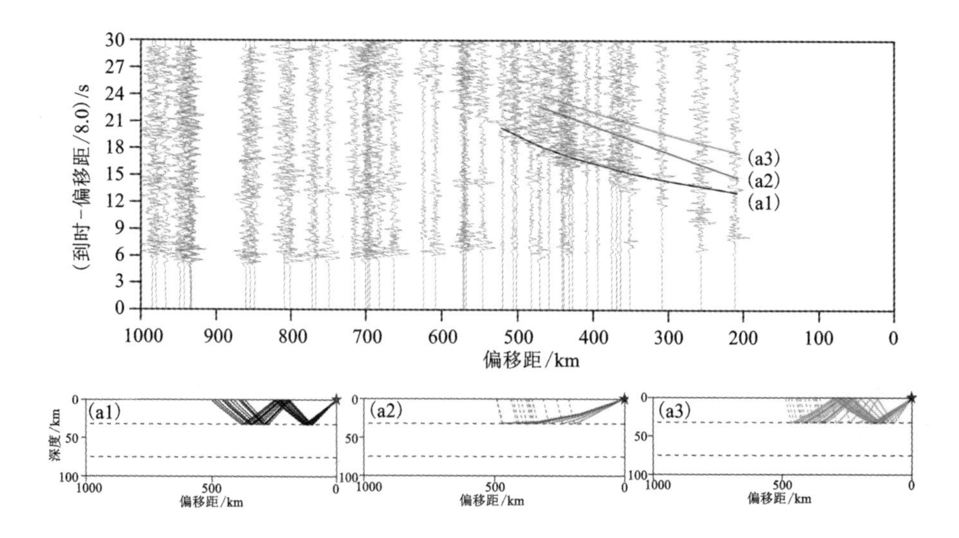

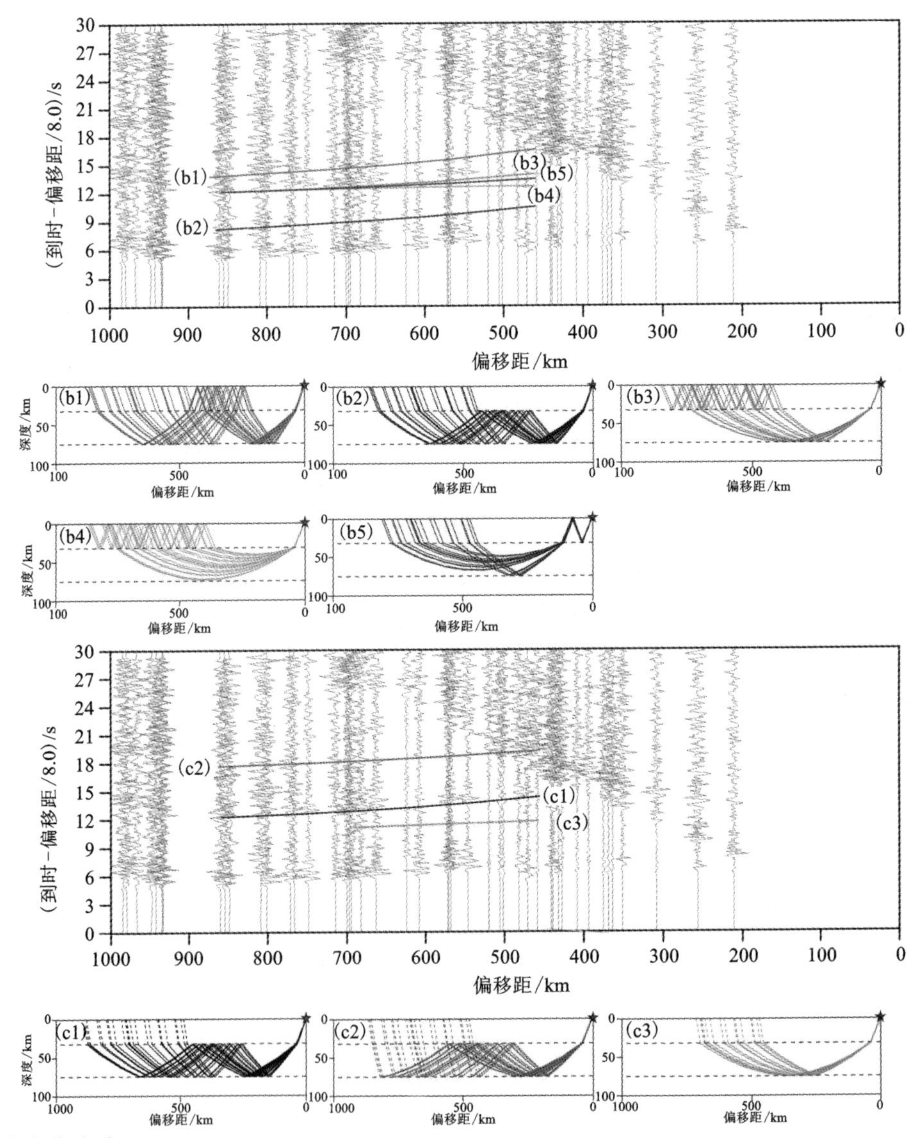

实线代表 P 波传播路径，虚线代表 S 波传播路径。(a)PmPPmP 震相可能的射线路径，其中 a1 为 PmPPmP 震相实际射线路径。(b)和(c)为 PxPPmP 震相可能的射线路径。到时拟合结果表明，PxPPmP 震相实际射线路径可能为(b3)、(b4)、(b5)和(c1)。

图 4.14　PmPPmP 震相和 PxPPmP 震相射线可能的传播路径图

4.4　反射率法正演模拟地震剖面 3

仍然以剖面 3 为例，初至震相(P)的视速度在 300~1400 km 范围内变化较小，平均视速度约为 8.05 km/s，表明中朝克拉通东北缘上地幔平均速度偏低，可能存在低速带。在震中距约 950 km 处，初至震相(P)到时滞后，表明存在上地幔低速带(H. THYBO and E. PERCHUĆ, 1997; L. NIELSEN et al., 1999)。在 700~1300 km 震中距范围内，持续约 4 s 的高频散射波震相跟随在初至震相(P)之后，但在 1300~1400 km 震中距范围内，初至震相(P)及其后续散射震相振幅骤减，而来自莱曼间断面和“410 km”间断面的折射/反射震相振幅相对较强。

地震剖面的上述特征表明上地幔具有很强的垂向非均匀性，为此我们使用反射率法(K. FUCHS and G. MÜLLER, 1971)来计算地震波在 1D 速度-深度模型中 3D 传播的全波形理论地震图，用以约束中朝克拉通东北缘上地幔精细结构。考虑到剖面最大偏移距达 2500 km，我们采用展平变换后的模型[图 4.13(d)，模型 A]作为初始模型进行理论地震图的合成计算。

4.4.1　岩石圈内部间断面(ILD)性质

我们利用反射震相(PxP 和 PxPPmP)的走时约束获得岩石圈内部间断面 ILD 的深度为 75 km 左右，其顶部速度约为 8.05 km/s。基于相同背景模型[图 4.13(d)，模型 A]，通过正演模拟在 ILD 界面上下层具有不同速度差异时的反射震相振幅，并将其与实际 PxP 震相的振幅进行定性对比，来确定 ILD 界面处地震波速度的变化。

我们主要从视觉上对比计算得到的 PxP 震相和 P 震相的理论到时，以及理论振幅随震中距的相对变化，具体需满足以下三条准则：①在小于 500 km 的偏移距范围内，震相 P 和 PxP 振幅大小相似；②PxP 震相的临界偏移距约为 500 km，大于 500 km 时 PxP 震相将发生全反射；③当震中距大于 750 km 时，初至震相(P)的理论到时与实际到时较吻合。

正演模拟的结果(图 4.15)表明，当 ILD 处速度由 8.20 km/s 减至 8.10 km/s，在震中距大于 750 km 处，理论初至震相(P)的到时早于实际观测到时[图 4.15(a)]；当 ILD 处速度由 8.05 km/s 增至 8.15 km/s 时，震相 P 及 PxP 在震中距小于 600 km 处振幅小于实际观测数据[图 4.15(c)]；当 ILD 处速度由 8.05 km/s 增至 8.25 km/s 时，在震中距小于 500 km 处，PxP 震相振幅明显强于初至震相(P)的振幅[图 4.15(d)]；而当 ILD 处速度由 8.05 km/s 增至 8.20 km/s 时[图 4.15(b)]，理论与实际拟合较好。由此我们得出，ILD 为位于约 75 km 深度，速度由

8.05 km/s 增至 8.20 km/s 的正速度梯度间断面，尽管我们无法约束 ILD 的厚度，但强振幅反射震相(PxP 和 PxPPmP)的存在说明该间断面厚度较小，速度变化剧烈，可以近似为一阶不连续间断面。

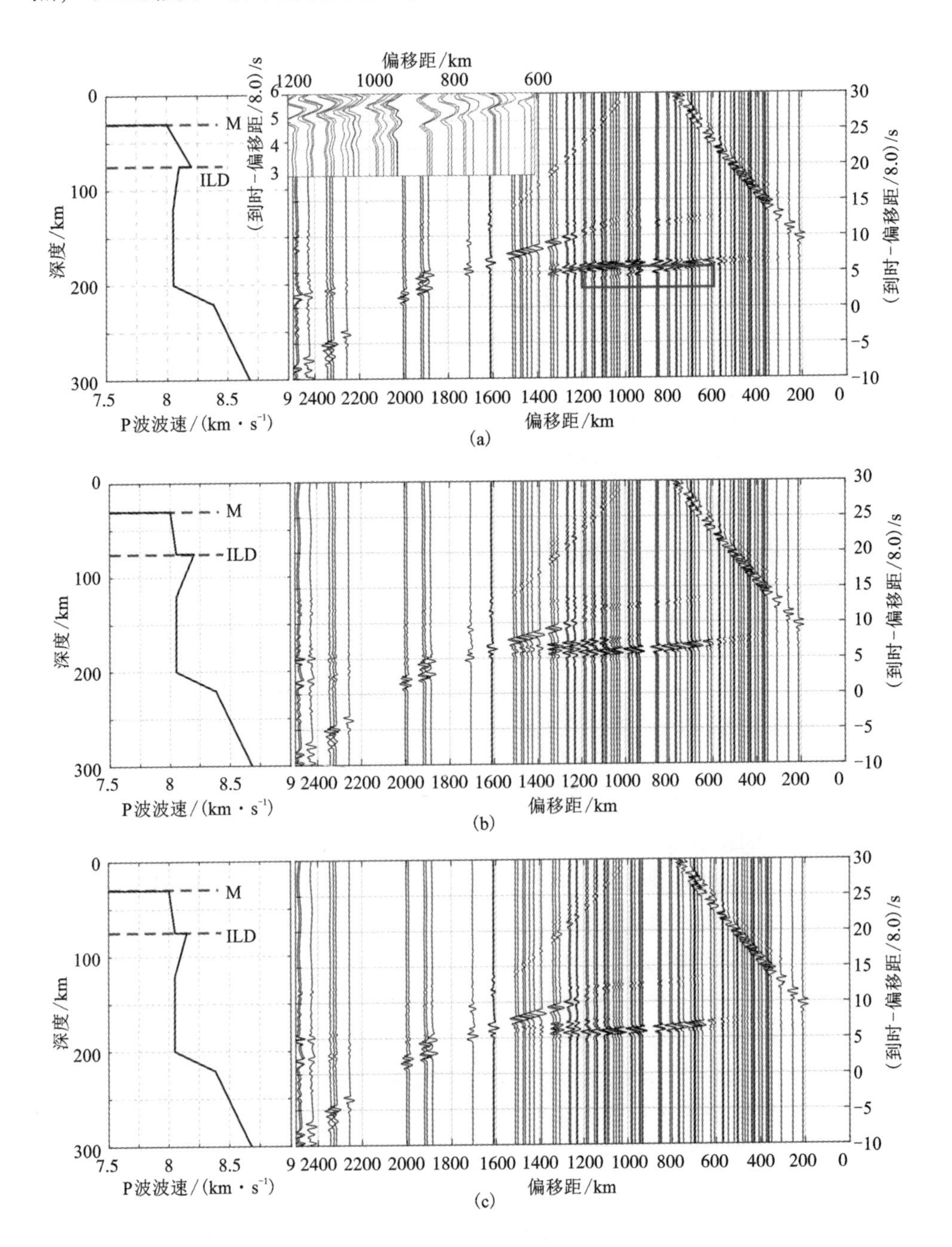

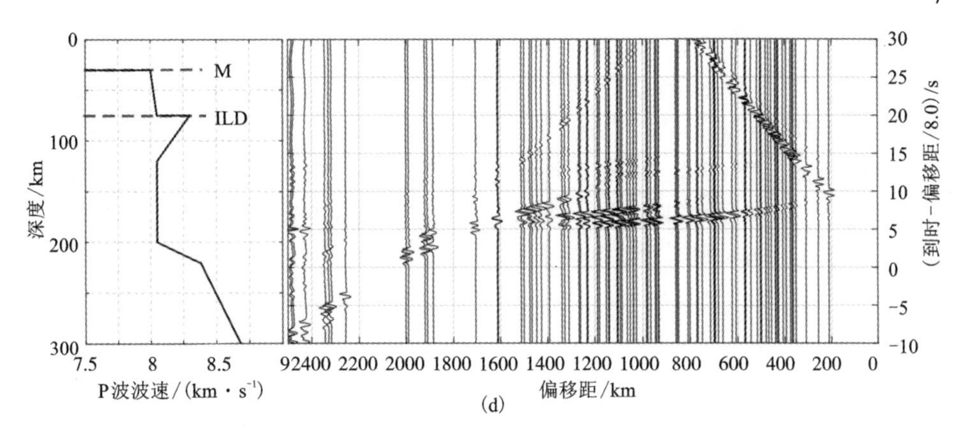

所有模型具有相同背景速度[图4.13(d),模型A],但在ILD界面处上下层具有不同的速度差异。所有合成剖面折合速度均为8.0 km/s,且归一化后振幅放大系数与观测剖面[图4.12(a)]相同。(a)ILD处速度由8.20 km/s减至8.10 km/s;(b)ILD处速度由8.05 km/s增至8.20 km/s;(c)ILD处速度由8.05 km/s增至8.15 km/s;(d)ILD处速度由8.05 km/s增至8.25 km/s。

图4.15 不同ILD结构模型的理论地震图

4.4.2 上地幔低速带性质

在800~1300 km震中距范围内,初至震相(P)的到时斜率约为8.05 km/s,这表明,ILD之下至莱曼间断面上地幔垂向速度梯度远小于全球平均模型,如IASP91模型(B. L. N. KENNETT and E. R. ENGDAHL, 1991)。初至震相(P)的另一个主要特征为在1300~1500 km震中距范围内,震相振幅非常弱(图4.12)。由于我们已经去除了地壳厚度横向变化对震相的影响,因此该特征可能是由垂向速度变化引起的,这意味着上地幔低速带将延伸至莱曼间断面。

为获得上地幔低速带可能存在的深度范围,我们进行了一系列理论地震图正演模拟测试。当理论地震图满足以下两个条件时,我们认为其对应的上地幔LVZ特征接近真实结构:①在大偏移距范围内,初至震相(P)理论到时与实际到时较吻合;②在1300~1500 km震中距范围内,初至震相(P)振幅极弱,且PL震相的最小可观测震中距大约为1300 km。

当MLD处速度由8.15 km/s减至8.05 km/s时,在震中距大于1200 km处,初至震相(P)的到时早于实际观测数据,这意味着此时上地幔平均速度高于实际值,即ILD和MLD之间的上地幔速度(8.20~8.15 km/s)过大[图4.16(a)]。此外,实际数据在600~1200 km震中距范围内,并没有观测到明显的来自MLD的反射震相,这说明MLD界面处速度变化很小。当Lehmann间断面处速度由8.05 km/s骤增至8.38 km/s时,产生的PL震相最小可观测震中距达1000 km,且振幅远强于实际观测,这表明Lehmann间断面处实际速度变化同样不可能很剧烈，间断面上下层速度差异较小[图4.16(b)]。当LVZ内速度为8.05 km/s时，理论地震图与实际观测剖面吻合较好[图4.16(e)]；而当LVZ内速度高于8.05 km/s，如为8.15 km/s时，在大偏移距处初至P波到时提前，表明此时ILD与Lehmann间断面之间的上地幔平均速度偏高[图4.16(c)]；当LVZ内速度为7.95 km/s时，PL震相到时滞后，且PL震相最小可观测震中距小于1300 km，表明此时ILD与Lehmann间断面之间的上地幔平均速度偏低[图4.16(d)]。

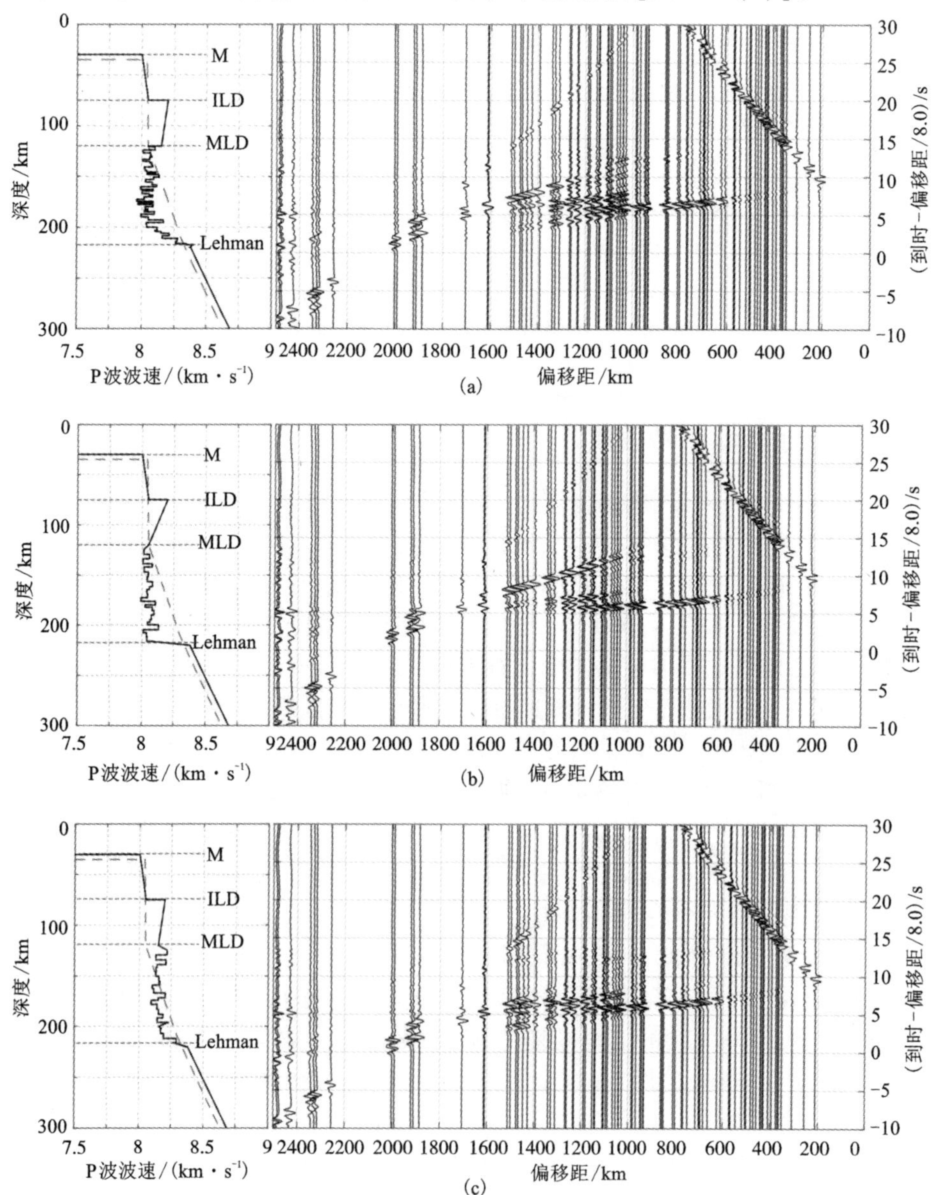

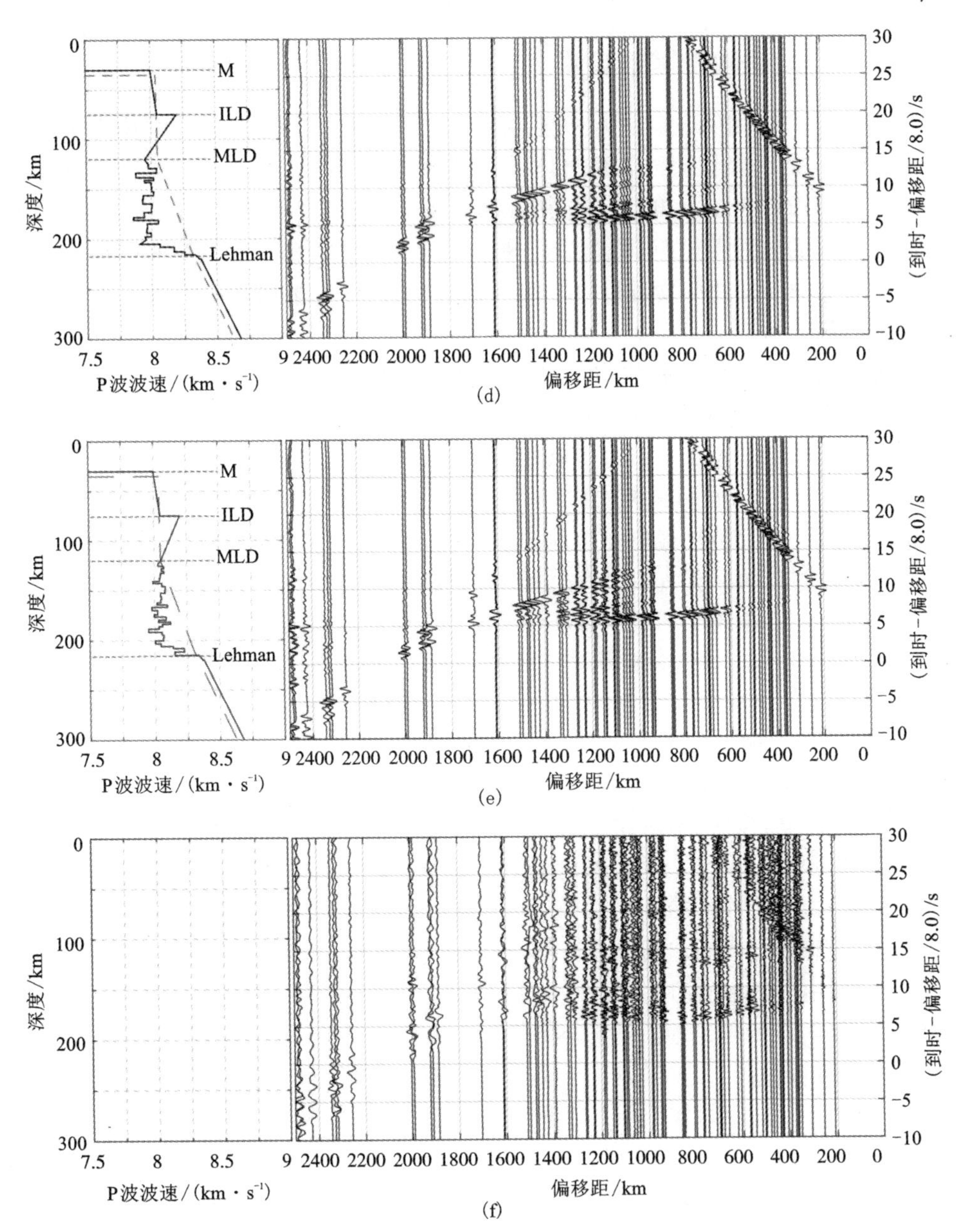

所有模型具有相同背景速度[图 4.13(d)，模型 A]，但具有不同的 LVZ 结构。所有合成剖面折合速度均为 8.00 km/s，且归一化后振幅放大系数与观测剖面[图 4.12(a)]相同。红色虚线代表 IASP91 模型。(a)MLD 处速度由 8.15 km/s 变为 8.05 km/s；(b)MLD 处速度为 8.05 km/s，Lehmann 间断面处速度由 8.05 km/s 增至 8.38 km/s；(c)LVZ 平均速度为 8.15 km/s；(d)LVZ 平均速度为 7.95 km/s；(e)LVZ 平均速度为 8.05 km/s；(f)观测剖面。

图 4.16　不同 LVZ 结构模型的理论地震图

4.4.3 上地幔散射震相起源

在剖面3，一组紧随上地幔初至震相（P）到达的尾波（散射）可以被清晰地观测到（图4.12）。散射尾波震相整体可以概述为以下三个特点：①强振幅的散射震相主要分布在800~1300 km震中距范围内，在震中距小于600 km处仅能观测到非常微弱的散射震相；②在震中距800 km处，散射尾波震相持续时间约为6 s，在震中距1300 km处持续时间约为3 s，整体呈凸形；③散射震相的能量在8~11 s时窗内均匀分布。

关于散射体可能存在的深度范围，前人已经做了一系列研究。来自下地壳散射体的散射震相常早于PmP震相到达，在小偏移距处（<200 km）可以被观测到（A. R. LEVANDER and K. HOLLIGER，1992）。尽管下地壳存在散射体可能会使上地幔震相后均尾随微弱的散射震相，但该特征与我们的观测不匹配。T. RYBERGE等（2000）提出在莫霍面（35 km）至100 km深度范围可能存在一系列薄层状速度扰动，该结构会产生尾随初至震相（P）到达的强振幅散射尾波震相。然而，L. NIELSEN和H. THYBO（2003）认为尾随初至震相（P）到达的强振幅散射尾波震相可被解释为初至震相（P）在高反射率的下地壳中发生多次散射（图3.7）。L. NIELSEN等（2002）则论证了上地幔低速带（100~185 km）内随机速度扰动可产生震相P的散射尾波，尾波持续时长由800 km震中距处的8 s减至1400 km震中距处的4 s。

参考L. NIELSEN等（2002）提出的MLD之下低速带内存在散射体的模型，我们将散射体结构定义为一系列厚度为L的薄层，每层对应的随机速度扰动值为相对背景速度模型[图4.13（d），模型A]标准差为σ的高斯随机数。为研究散射体存在的深度范围，我们定义L在2~5 km随机分布，σ为4%，在其他参数不变的情况下，利用反射率法（K. FUCHS and G. MÜLLER，1971）计算以下三种不同深度散射体模型对应的理论地震图，并将其与实际观测资料对比，从而试图解释上地幔散射震相的起源：①散射体位于莫霍面和ILD之间（31~75 km）的上地幔顶部[图4.17（b）]；②散射体位于ILD与MLD之间（75~120 km）[图4.17（c）]；③散射体存在于MLD之下的低速带内（120~220 km）[图4.17（d）]。

散射体仅存在ILD之上或仅存在ILD和MLD之间的上地幔无法产生长持续时间的P震相尾波[图4.17（b）和图4.17（c）]，且当ILD和MLD之间存在散射体时，将在800~1200 km震中距产生早于上地幔折射Pn到达的散射震相。而当上地幔低速带内存在散射体时，对应的理论地震图[图4.17（d）]与实际观测剖面[图4.17（a）]特征较吻合。因此，我们认为这组散射震相源于上地幔低速带内部的散射体（非均匀物质）。

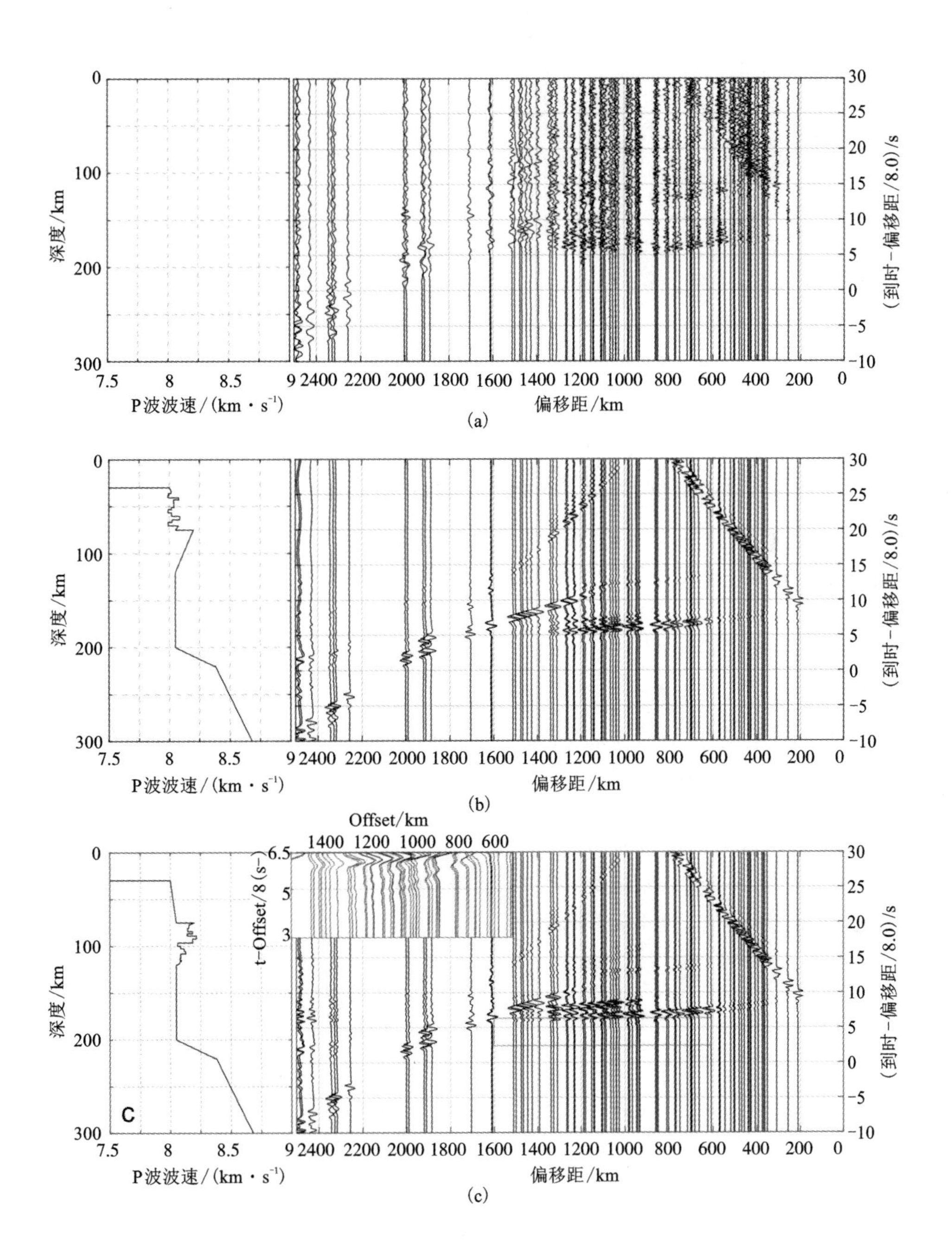
深度/km
P波波速/(km·s⁻¹)
偏移距/km
(到时-偏移距/8.0)/s
(a)
(b)
Offset/km
t-Offset/8(s-)
C
(c)

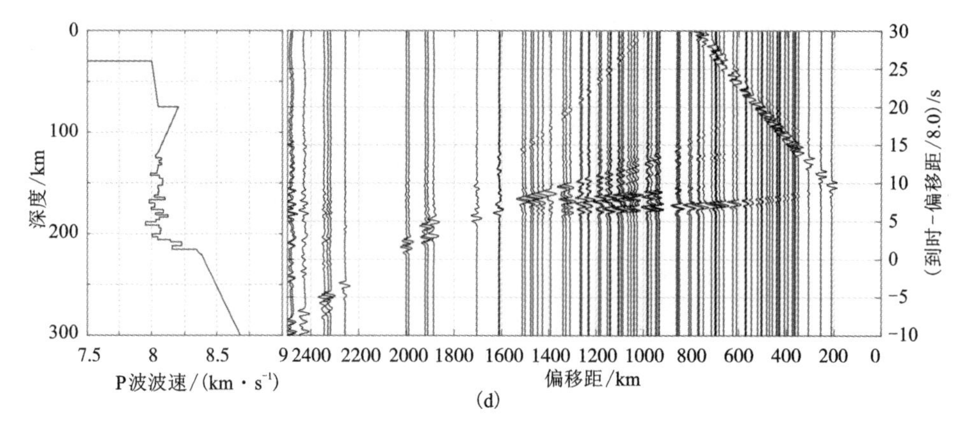

(d)

所有模型具有相同背景速度[图 4.13(d)，模型 A]，但散射体存在深度范围不同。所有合成剖面折合速度均为 8.0 km/s，且归一化后振幅放大系数与观测剖面[图 4.12(a)]相同。(a)实际观测剖面，上地幔散射体存在；(b)莫霍面与 ILD 之间；(c)ILD 和 MLD 之间；(d)LVZ 内。

图 4.17　不同上地幔散射体模型对应的理论地震图

确定散射体存在的位置后，为得到更精细的散射体结构，我们测试了 50 个具有不同 L 和 σ 参数值的模型。所有测试模型低速带内 $Q=500$，L 从 1 km 变化到 10 km，σ 从 2%增至 6%，步长为 1%。测试结果表明，$L=2\sim5$ km、$\sigma=4\%$的模型能够产生与实际观测数据较一致的强振幅散射尾波震相[图 4.18(c)]；当 $L<2$ km 时，由于层厚度小于垂向分辨率(2 km)，散射震相振幅较弱[图 4.18(a)]；当 $L>7$ km 时，散射震相的分布则过于离散[图 4.18(b)]；当速度扰动的标准差 $\sigma<3\%$时，散射震相的振幅弱于实际观测数据[图 4.18(e)]；当速度扰动的标准差 $\sigma>4\%$时，在震中距小于 800 km 的区域则形成强振幅散射[图 4.18(f)]，同样与实际观测不符。综上，我们推测低速带内散射体为一系列厚度在 2~7 km、单层速度扰动标准差为背景速度 4%的高斯随机数的水平均匀薄层模型[图 4.18(c)、图 4.18(d)]。

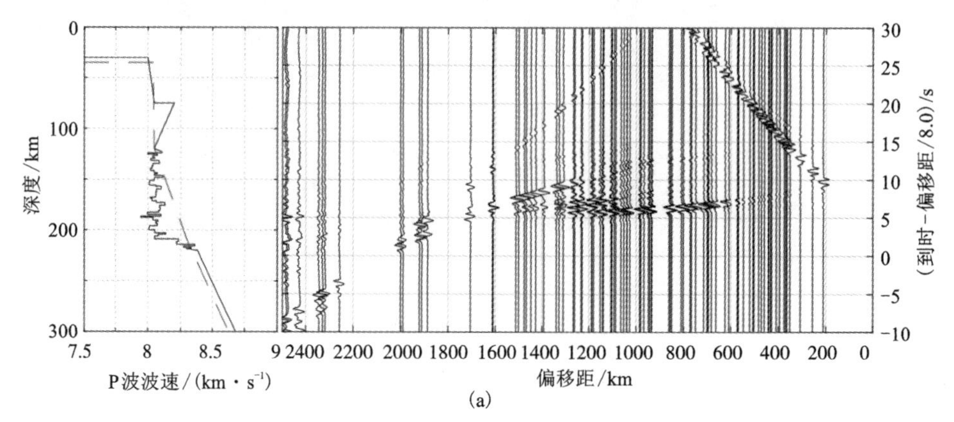

(a)

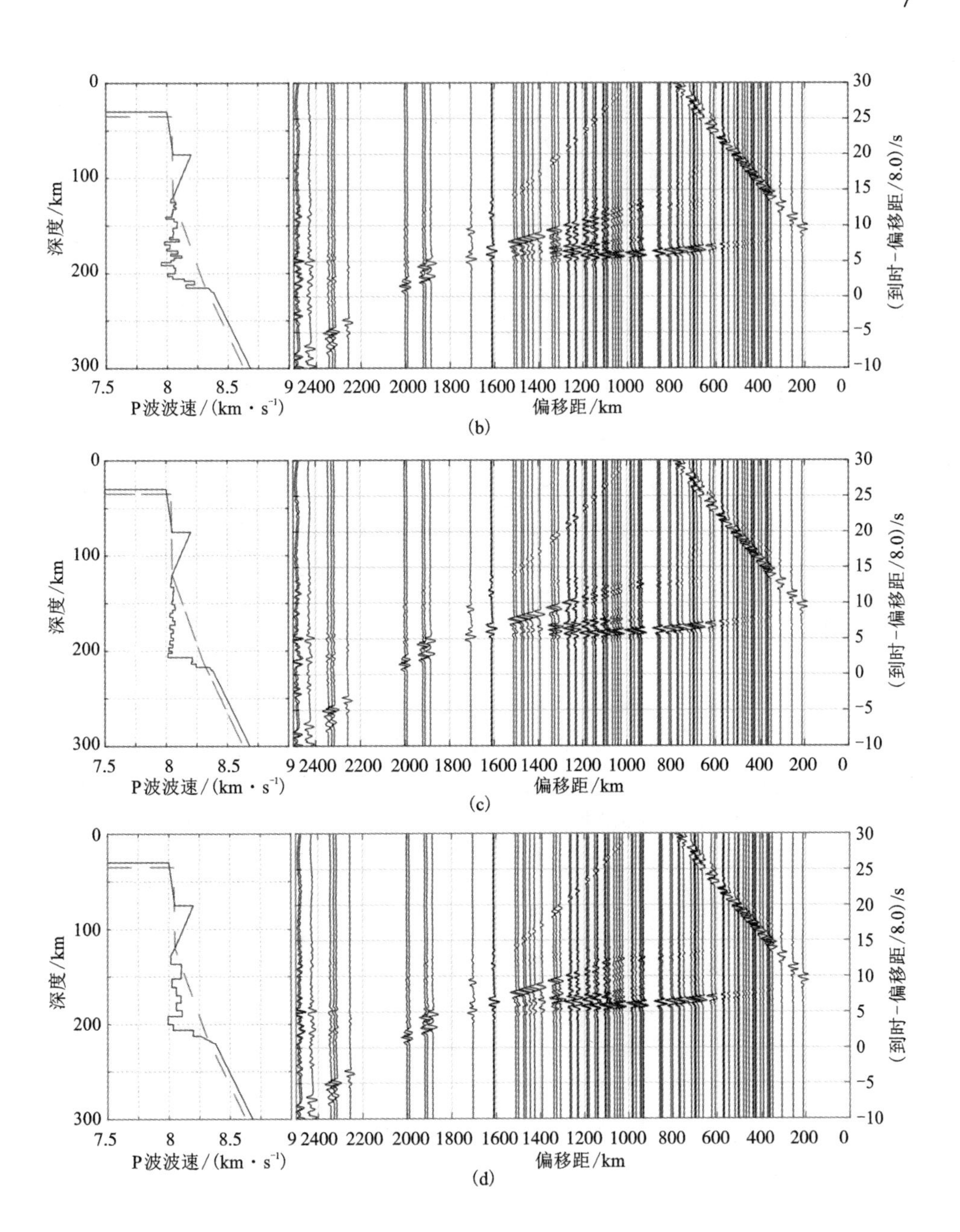

深度/km
P波波速/(km·s⁻¹)
偏移距/km
(到时-偏移距/8.0)/s
(b)
(c)
(d)

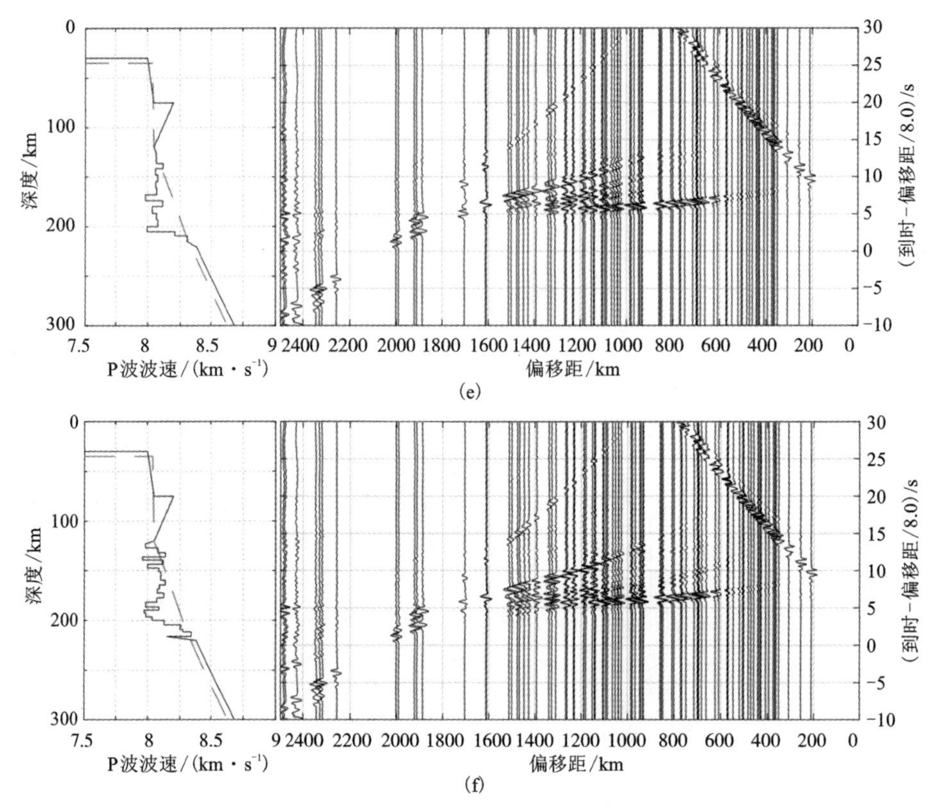

LVZ 内散射体结构由参数 L(层厚)和扰动速度值基于背景速度的高斯分布标准差 σ 描述。所有模型 LVZ 内的 Q 值为 500。所有合成剖面折合速度均为 8.0 km/s，且归一化后振幅放大系数与观测剖面[图 4.12(a)]相同。红色虚线表示 IASP91 模型。散射体层厚 L 的值为(a)1~3 km；(b)6~9 km；(c)(e)(f)2~5 km；(d)4~7 km 内高斯随机数。(a)、(b)、(c)、(d)中 σ 为 4%；(e)中 σ 为 2%；(f)中 σ 为 5%。

图 4.18 不同上地幔散射体结构对应的理论地震图

基于已获得的最优层厚 L(2~7 km)和标准差 σ(4%)，我们测试了一系列在低速带内具有不同 P 波衰减 Q 值的模型，所有模型除 Q 值不同外其余参数均保持一致。结果表明，当 Q 值小于 300 时，P 波衰减过强，上地幔震相振幅太弱[图 4.19(a1)、图 4.19(a2)]；而当 Q 值大于 800 时，来自莱曼间断面的反射震相其振幅明显强于实际观测值[图 4.19(d1)、图 4.19(d2)]；而当 Q 值为 500~800 时，合成理论地震图与实际观测数据吻合得最好[图 4.19(b1)、图 4.19(b2)、图 4.19(c1)、图 4.19(c2)]。

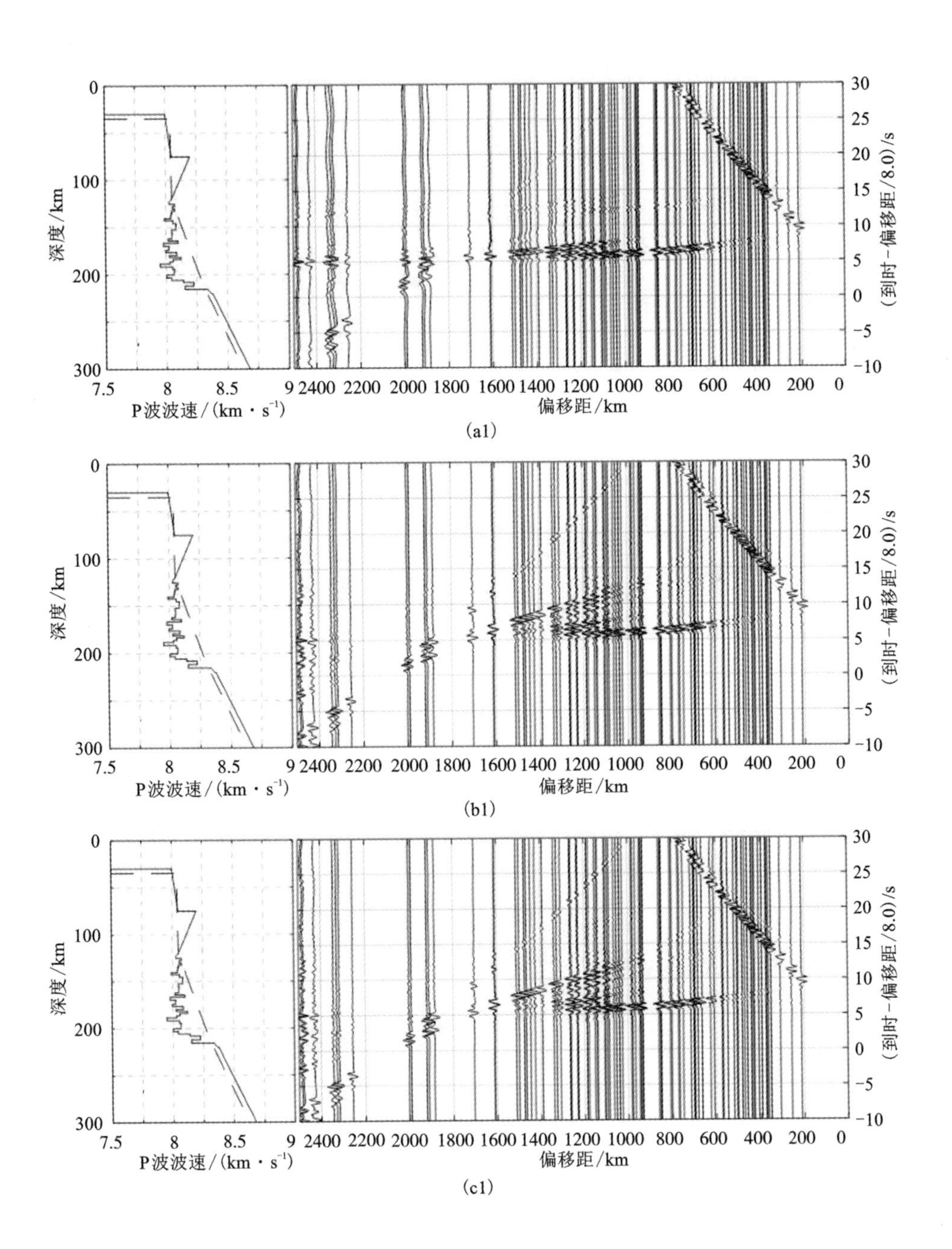
深度/km
P波波速/(km·s⁻¹)
偏移距/km
(到时-偏移距/8.0)/s
(a1)
(b1)
(c1)

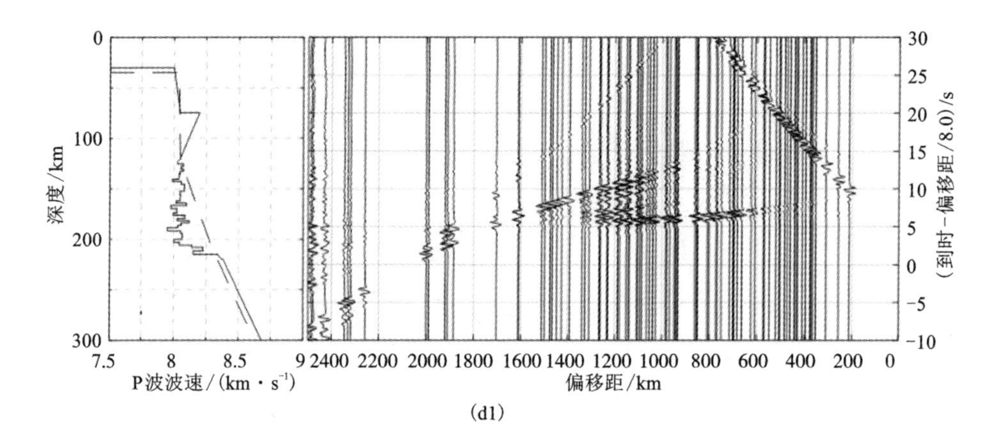
深度/km
0
100
200
300
7.5
8
8.5
9
P波波速/(km·s⁻¹)
2400 2200 2000 1800 1600 1400 1200 1000 800 600 400 200 0
偏移距/km
30 25 20 15 10 5 0 −5 −10
(到时−偏移距/8.0)/s

(d1)

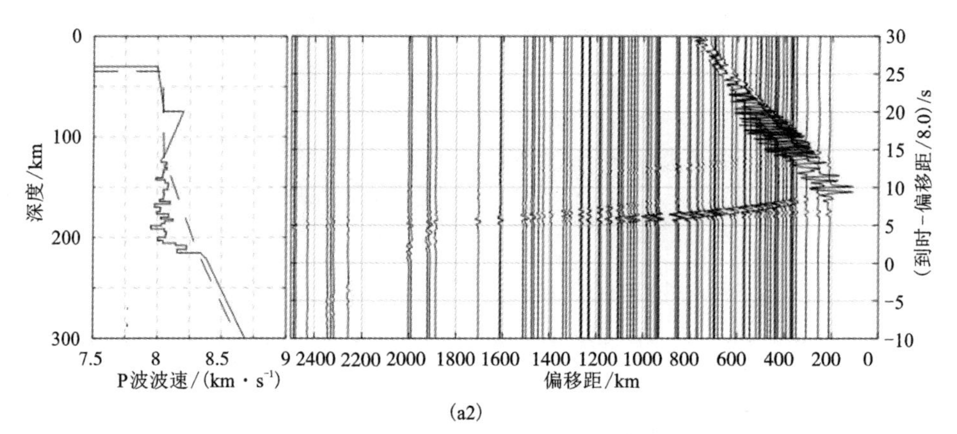
深度/km
0
100
200
300
7.5
8
8.5
9
P波波速/(km·s⁻¹)
2400 2200 2000 1800 1600 1400 1200 1000 800 600 400 200 0
偏移距/km
30 25 20 15 10 5 0 −5 −10
(到时−偏移距/8.0)/s

(a2)

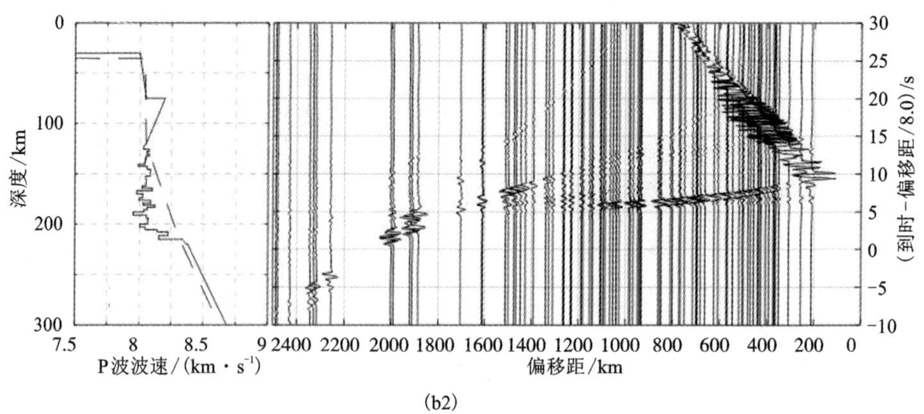
深度/km
0
100
200
300
7.5
8
8.5
9
P波波速/(km·s⁻¹)
2400 2200 2000 1800 1600 1400 1200 1000 800 600 400 200 0
偏移距/km
30 25 20 15 10 5 0 −5 −10
(到时−偏移距/8.0)/s

(b2)

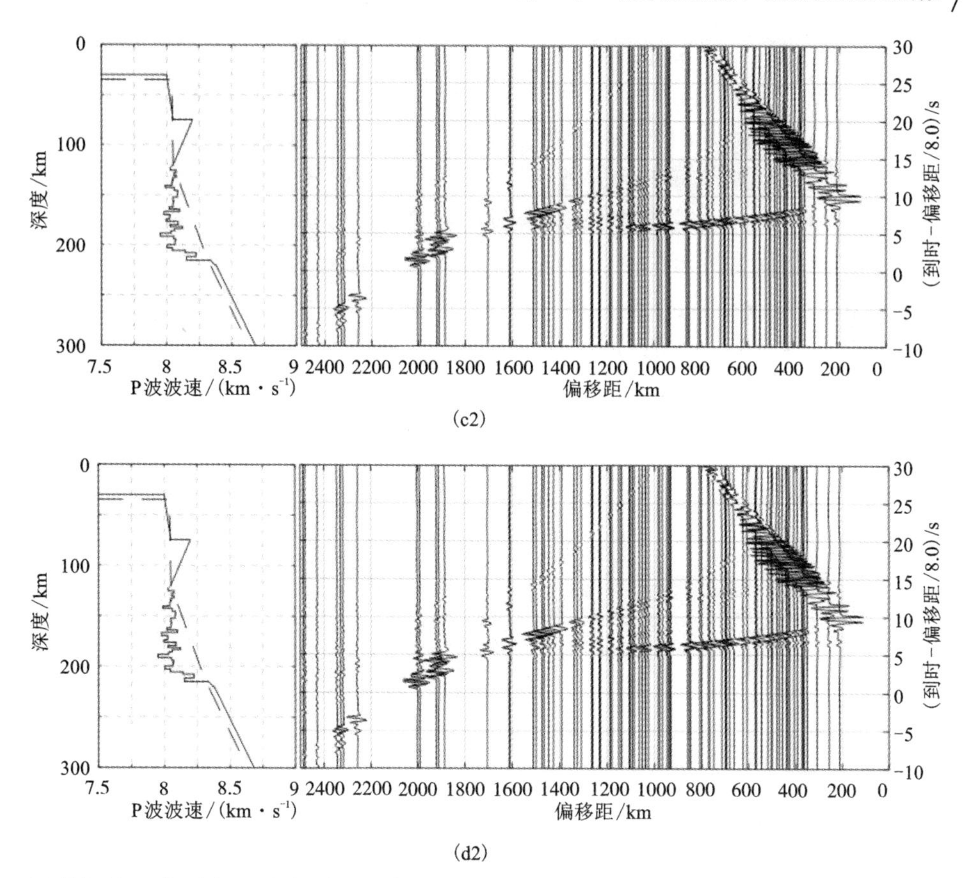

测试模型仅 Q 值不同。所有合成剖面折合速度均为 8.0 km/s。(a1)~(d1)表示合成理论地震图归一化后振幅放大系数与观测剖面[图 4-12(a)]相同。(a2)~(d2)表示已补偿球形扩散衰减后的合成理论地震图振幅，补偿系数与[图 4.12(b)]保持一致。(a1)(a2)$Q=100$；(b1)(b2)$Q=500$；(c1)(c2)$Q=800$；(d1)(d2)$Q=1500$。

图 4.19　低速带内不同衰减值 Q 对应的理论地震图

4.5　五条剖面地壳及上地幔速度结构

我们利用基于射线追踪的二维走时正反演程序 RAYINVR(C. A. ZELT and R. B. SMITH, 1992)对壳幔结构建模，采用“剥皮法”自上而下拟合折射和反射震相走时来共同反演各层速度和界面结构信息，从而获得剖面 1、剖面 2、剖面 4 和剖面 5 下方的地壳及上地幔一维速度模型，并基于相应速度模型使用反射率法(K. FUCHS and G. MÜLLER, 1971)正演计算地震波在三维空间传播的全波形理论地震图。各剖面最优反演模型的理论走时与实际拾取的震相走时实现了很好的拟合

[图 4.20(b)、图 4.21(b)、图 4.22(b)和图 4.23(b)]，残差约为 800 ms，且相应的射线路径图[图 4.20(c)、图 4.21(c)、图 4.22(c)和图 4.23(c)]表明，剖面下方 1400 km 震中距范围内(图 4.1)的地壳和上地幔结构均能得到较好的约束。基于最优到时反演模型计算得到的理论地震图[图 4.20(d)、图 4.21(d)、图 4.22(d)和图 4.23(d)]中各主要震相到时振幅变化特征与实际观测数据均较一致，进一步论证了所得模型的可靠性。RYINVR 软件反演是基于水平层状模型假设，考虑到地球的曲率，我们进一步开展逆展平变换计算(N. N. BISWAS, 1972)，并最终得到基于球状模型的各剖面下方真实地壳及上地幔一维速度模型(图 4.24)。

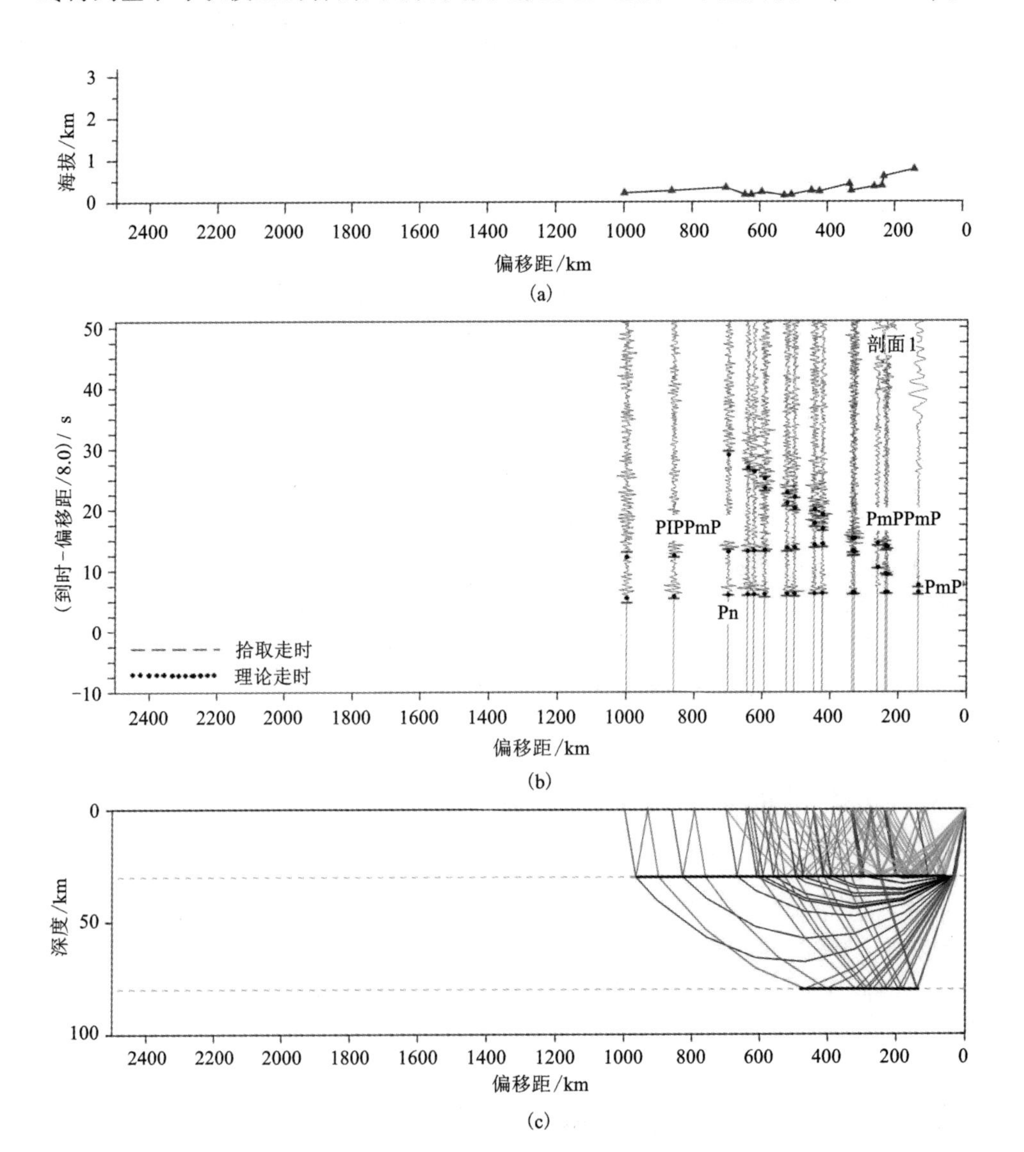

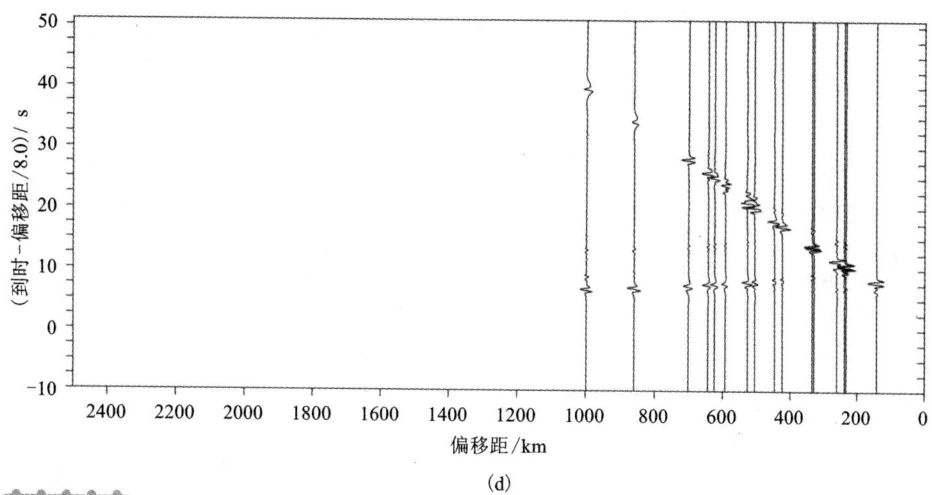

(d)

(a)剖面台站高程图；(b)折合剖面记录及震相走时拟合，折合速度为 8.0 km/s，红色线段为拾取的各震相走时，黑色圆点为反演的最优模型的理论走时；(c)最优模型中各震相射线路径覆盖，反映了对最优模型的约束程度；(d)基于最优模型计算，经振幅归一化处理的合成理论地震图。振幅放大倍数与观测剖面一致。震相标注如图 4.4。

图 4.20　核爆源深地震测深折合剖面 1

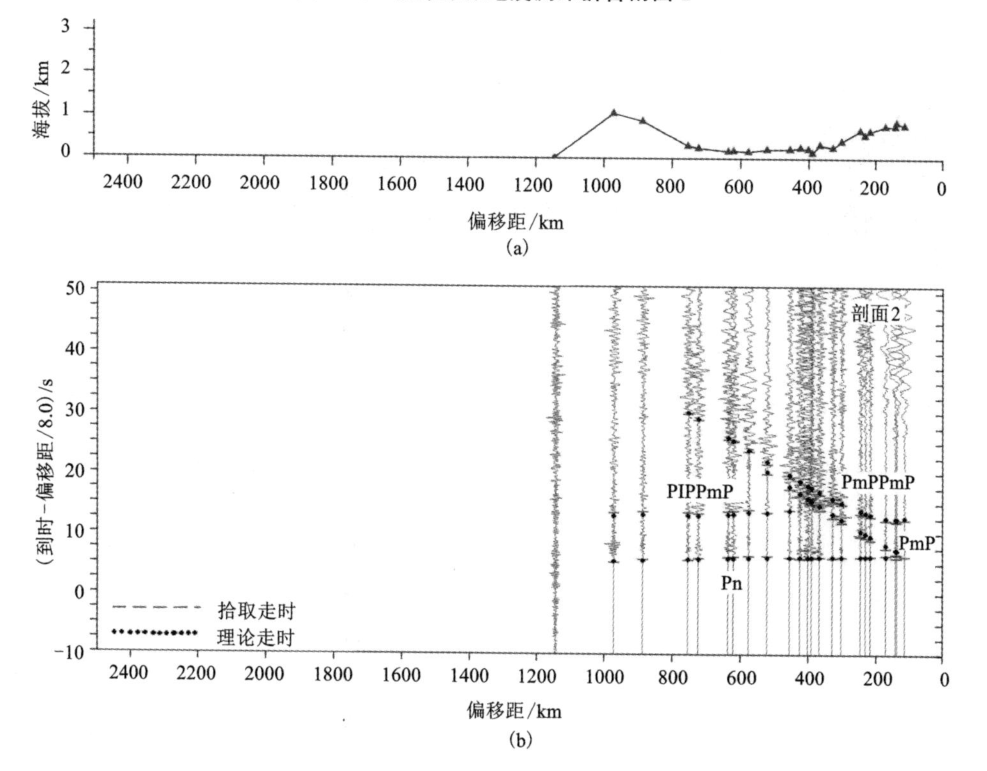

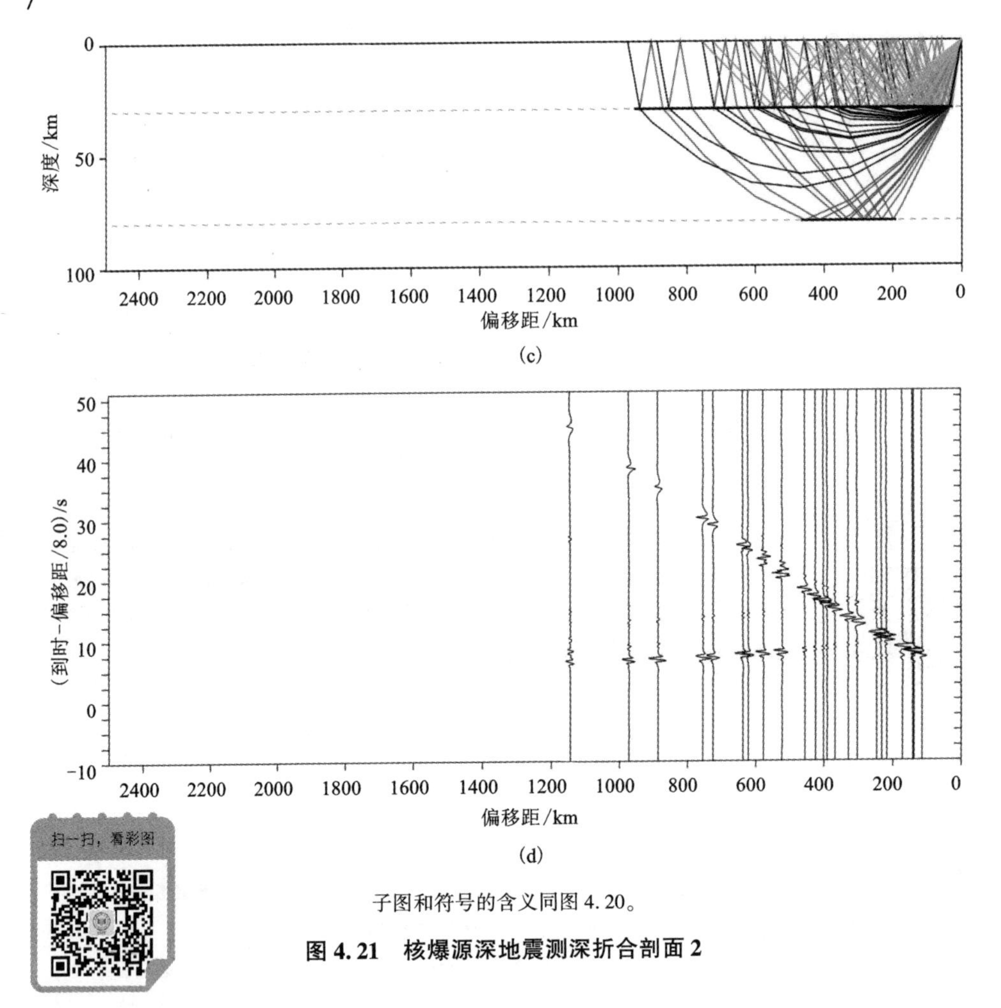

子图和符号的含义同图 4.20。

图 4.21　核爆源深地震测深折合剖面 2

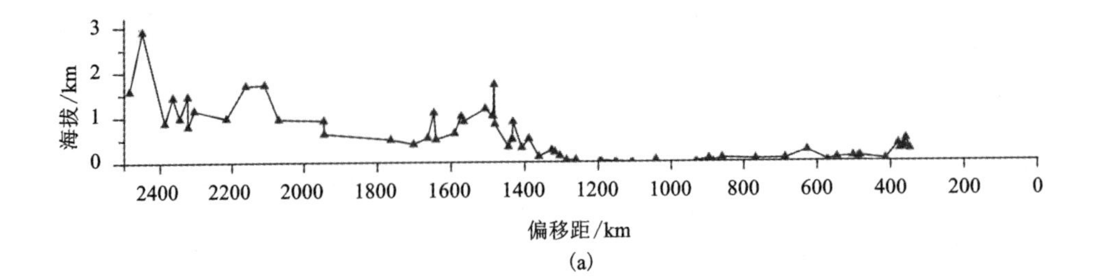

(a)

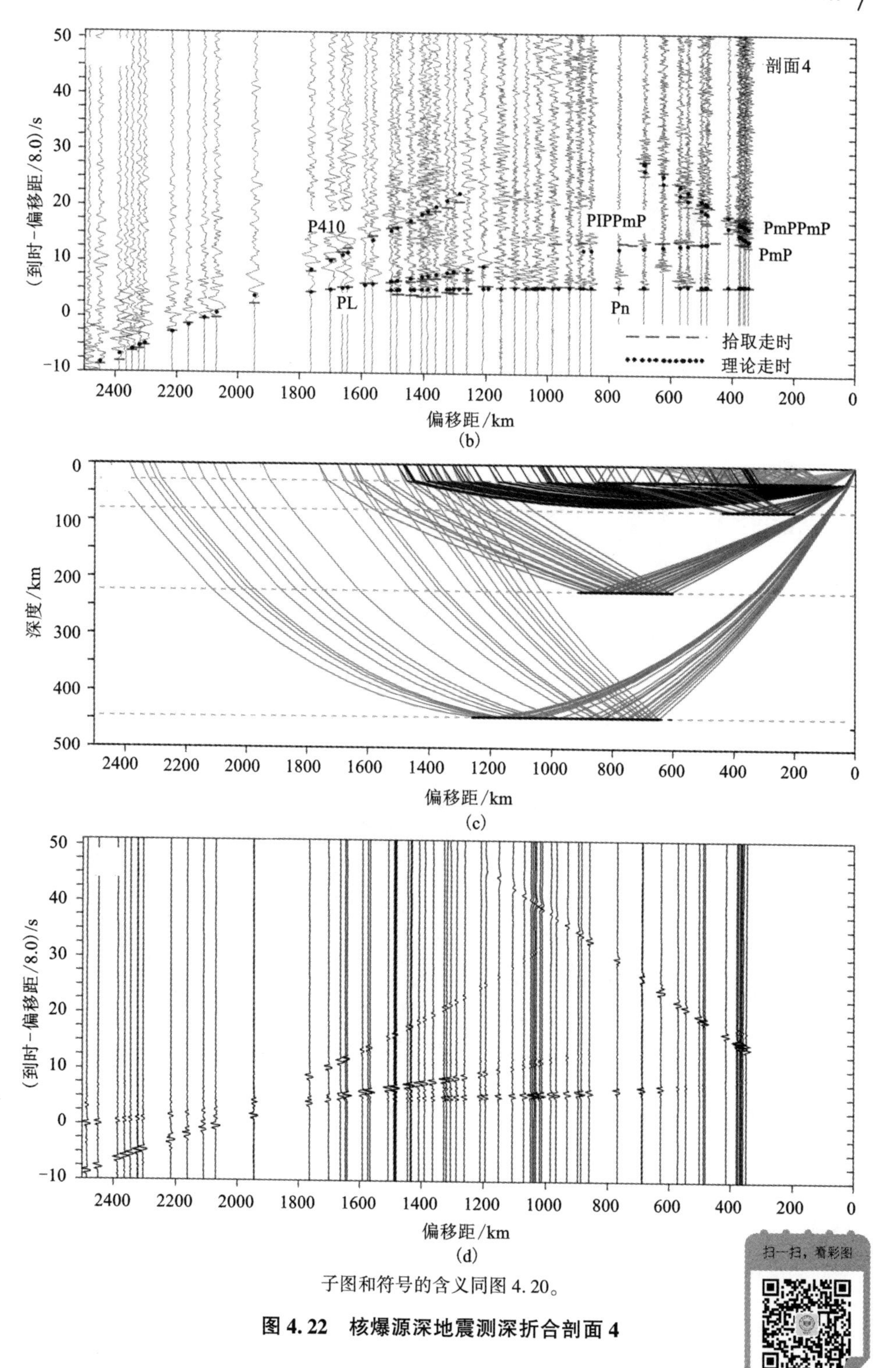

子图和符号的含义同图 4.20。

图 4.22 核爆源深地震测深折合剖面 4

扫一扫，看彩图

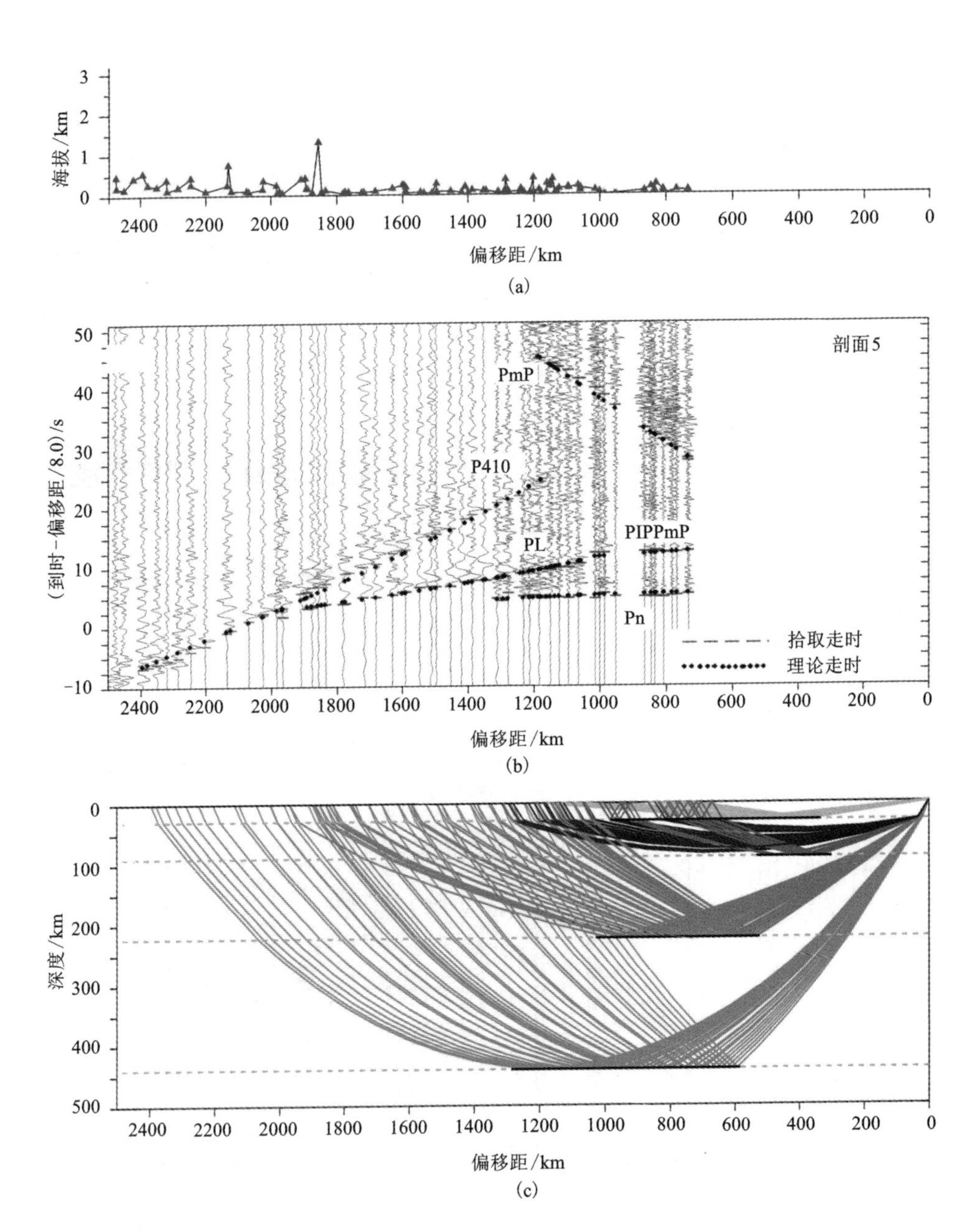
海拔/km
偏移距/km
(a)
(到时-偏移距/8.0)/s
剖面5
PmP
P410
PL
PIPPmP
Pn
拾取走时
理论走时
偏移距/km
(b)
深度/km
偏移距/km
(c)

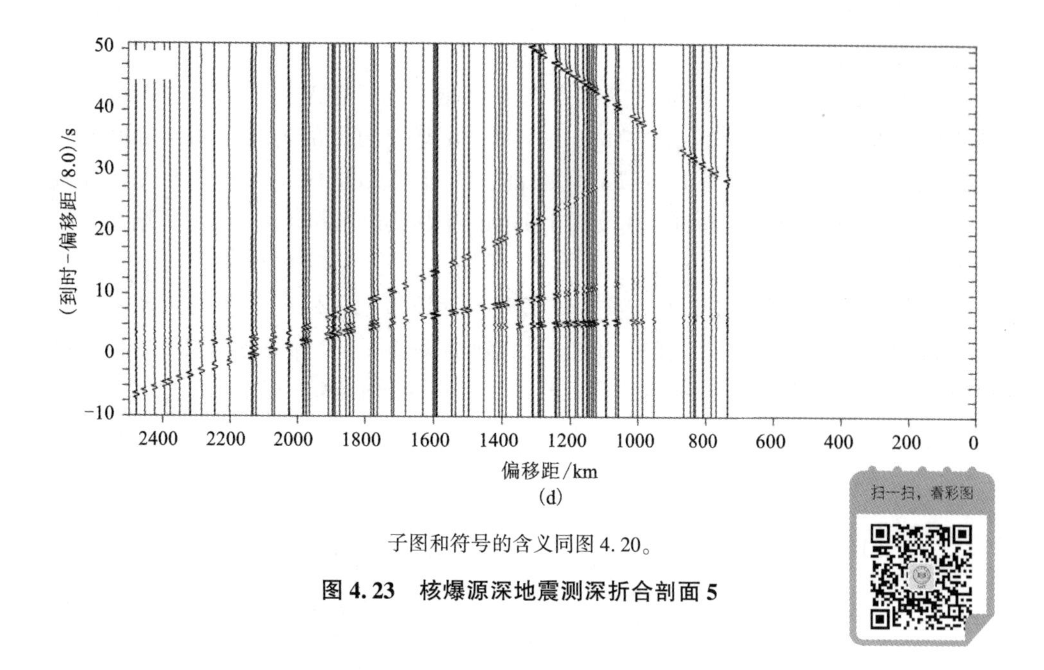

子图和符号的含义同图4.20。

图4.23　核爆源深地震测深折合剖面5

4.6　小结

4.6.1　中朝克拉通东北缘深部精细地壳上地幔结构模型

我们基于80个宽频固定台站和7个宽频流动台站所记录的朝鲜核爆地震数据构建超长偏移距剖面(剖面3)，利用宽角反射/折射地震方法，获得了中朝克拉通东北缘地壳及上地幔精细一维P波速度模型(图4.24)，主要特征如下：

(1)剖面下方的地壳平均速度和厚度分别为6.17 km/s和30 km。PmP震相的超长传播距离(超过1000 km震中距)指示地壳垂向速度梯度非常小，且壳内散射和衰减较弱。走时反演结果进一步显示，地壳速度从地表的6.14 km/s增至莫霍面顶部的6.20 km/s，且最大垂向速度梯度不超过0.002 s^{-1}。

(2)PmPPmP震相和PxPPmP震相均为在莫霍面发生二次反射的多次波。其中，PmPPmP震相为连续在莫霍面发生两次反射的多次波；而PxPPmP震相为在ILD和莫霍面先后发生反射的多次波。相较于正常多次波震相振幅，PmPPmP和PxPPmP震相振幅过强，我们认为后者可能为多种到时相近震相的叠加，且这两个强振幅多次波的存在表明莫霍面顶底部存在强烈的速度差异。

(3)莫霍面之下(上地幔顶部)的速度约为8.00 km/s，且在上地幔顶部约

75 km 深度存在一个岩石圈内部间断面(ILD)，在该间断面处速度由 8.05 km/s 增至 8.20 km/s。

(4)在 120~220 km 深度范围内存在上地幔低速带(LVZ)。低速带内的平均速度约为 8.05 km/s，Q 值大小为 500~800；低速带的顶部为岩石圈中部间断面(MLD)；低速带的底部为 Lehmann 间断面；MLD 和 Lehmann 间断面处无明显速度跳变。在“410 km”间断面，速度由 Lehmann 间断面底部的 8.35 km/s 增至该间断面顶部的 8.83 km/s。

(5)初至震相(P)后的强振幅散射尾波为低速带(LVZ)内的非均匀散射体形成的散射震相。其中，散射体可用一系列满足高斯分布，速度在背景速度(8.05 km/s)的 4%范围内随机扰动，厚度为 2~7 km 的薄层来表示。

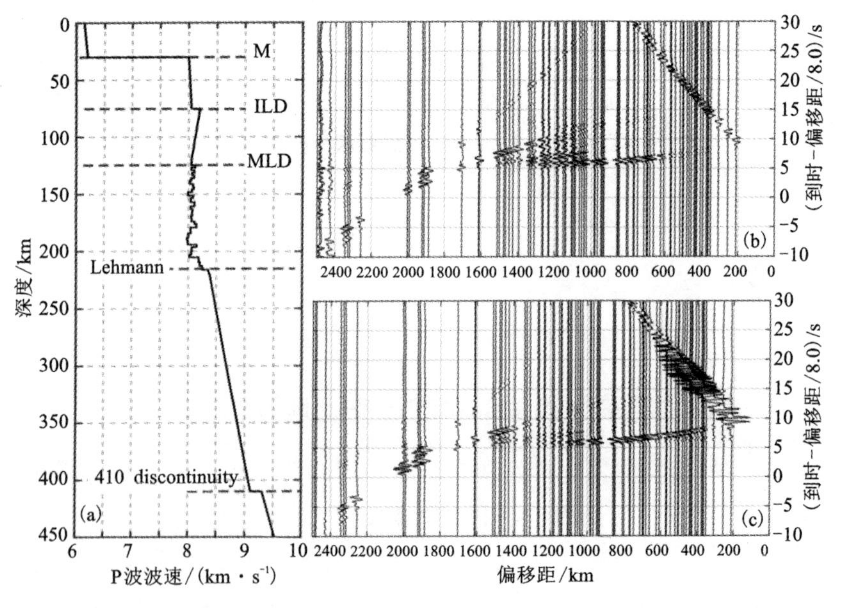

(a)研究所获得的中朝克拉通东北缘下方精细一维上地幔速度模型；(b)理论地震图(振幅归一化处理)；(c)理论地震图(对振幅进行球面扩散补偿)。

图 4.24　中朝克拉通东北缘下方一维上地幔速度模型及对应的理论地震图

4.6.2　中朝克拉通东部及邻区深部结构模型

五条剖面下方壳幔结构整体上具有极强的相似性(图 4.25)。地壳平均厚度均为 29~30 km，全地壳平均速度在 6.10~6.17 km/s。此外，PmP 震相的超长传播距离(最大可观测震中距达 1200 km)表明地壳垂向速度梯度小($<0.003\ s^{-1}$)，壳内散射及衰减弱。且各剖面下方上地幔顶部 P 波速度均在 7.99~8.02 km/s 范

围内，即莫霍面处 P 波速度由 6. 10~6. 17 km/s 骤增至 7. 99~8. 02 km/s，表明莫霍面上下层速度变化剧烈；而在莫霍面发生二次反射的强振幅多次波震相（PmPPmP 和 PxPPmP）的存在则再次指示剖面下方壳内速度梯度值小，莫霍面处反射系数极大。但值得注意的是，基于 5 条剖面最优到时反演模型分别计算的合成理论地震图中［图 4. 20（d）、图 4. 21（d）、图 4. 22（d）、图 4. 23（d）和图 4. 24（b）］，在莫霍面发生二次反射的 PmPPmP 和 PxPPmP 震相的振幅均远小于实际观测数据，即仅依据莫霍面上下层速度差异无法解释与一次反射震相振幅相当的强振幅多次波的存在，该特殊震相的形成原因可能同时与莫霍面处的其他物性差异相关。

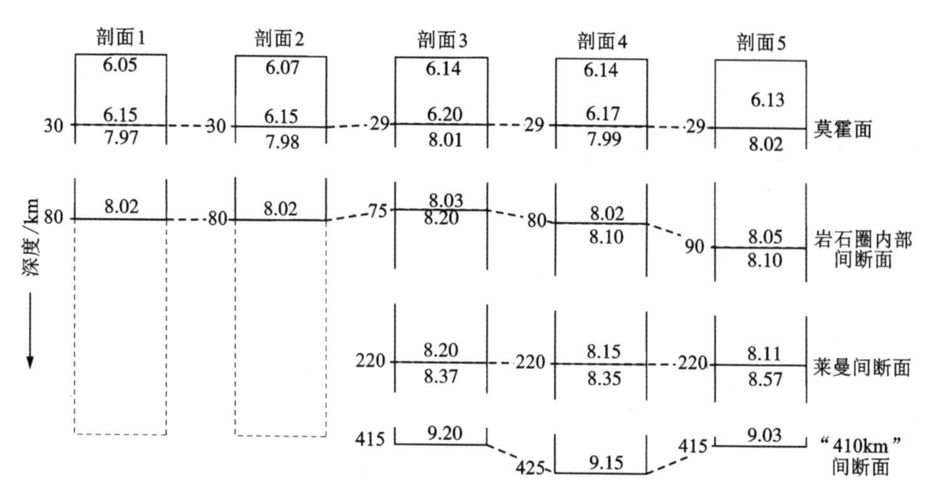

ILD 代表岩石圈内部间断面，“410 km”代表地幔过渡带顶界面。

图 4. 25　五条剖面下方逆展平变换（N. N. BISWAS，1972）后地壳上地幔速度结构

各剖面在上地幔顶部 80 km 左右均存在间断面 ILD。其中，剖面 5 下方间断面 ILD 的深度最深，约为 90 km；剖面 3 下方最浅，约为 75 km。受观测数据的限制，我们无法约束剖面 1 和剖面 2 处间断面 ILD 之下的结构。在剖面 3、剖面 4 和剖面 5 下方，间断面 ILD 为正速度梯度间断面，速度大致由 8. 03 km/s 增至 8. 10 km/s。Lehmann 间断面均位于约 220 km 深度，但在剖面 5 下方，Lehmann 间断面处速度梯度最大，由 8. 11 km/s 增至 8. 57 km/s，这与观测得到的 PL 震相临界反射点特征吻合。不同剖面下方，地幔过渡带顶部“410 km”间断面的深度略有差异，整体稳定在 410 ~ 435 km，速度由 Lehmann 间断面底部的 8. 37 ~ 8. 57 km/s 增至“410 km”间断面顶部的 9. 07~9. 18 km/s。

第5章　中朝克拉通东部及邻区特殊地壳及上地幔结构

5.1　强反射莫霍面和薄地壳

我们基于五条核爆源深地震测深剖面记录，反演获得了中朝克拉通东缘及邻区的地壳和上地幔P波速度结构(图4.24和图4.25)。结果表明，地壳震相的射线覆盖区域(震中距在1000 km内)平均地壳厚度约为30 km，全地壳平均速度为6.10~6.17 km/s，上地幔顶部P波速度为7.95~8.05 km/s。该地壳平均速度远低于全球大陆地壳平均值6.3 km/s(N. I. CHRISTENSEN and W. D. MOONEY，1995)，暗示研究区下地壳可能厚度极薄(下地壳P波速度一般为6.8~7.3 km/s)甚至缺失。前人基于大量深地震测深剖面研究已经获得了本研究区部分主要构造单元及邻区的地壳和上地幔P波速度结构，其中华北盆地平均地壳厚度约为33 km，上地幔顶部速度为7.95~7.98 km/s；燕山隆起和裂陷盆地的平均地壳速度分别为6.20~6.30 km/s和5.80~5.30 km/s；渤海湾盆地平均地壳厚度和速度分别为28~32 km和5.30~6.00 km/s，上地幔顶部速度为7.90 km/s；苏鲁造山带平均地壳厚度和速度分别为33 km和6.33 km/s，上地幔顶部速度为8.05 km/s；胶东半岛地壳厚度为31~33 km，上地幔顶部速度为8.00 km/s(L. ZHAO and T. Y. ZHENG，2005；嘉世旭等，2009；王帅军等，2014；S. X. JIA et al.，2014；潘素珍等，2015；Y. H. DUAN et al.，2016；B. XIA et al.，2017)。已有研究结果均与本书地壳结构特征(全地壳平均厚度/平均速度、下地壳厚度)较一致。此外，具有超长传播距离(>1000 km)的莫霍反射震相的存在表明地壳内垂直速度梯度非常小、壳内衰减弱；莫霍面反射震相的强振幅则说明莫霍面上下层存在强速度差(从6.20 km/s增至8.00 km/s)；经地壳发生二次反射的强振幅多次波(PmPPmP和PxPPmP震相)的存在更是进一步印证莫霍面处反射系数很大。

所有证据均指示，该地区下地壳厚度极薄，可能不足 3 km(图 5.1)。针对这种特殊的地壳结构，我们提出了两种可能的解释：

(1)下地壳榴辉岩化。通常，大陆下地壳被认为由质量分数为 80%的镁铁质(SiO_2 质量分数为 53%)岩石组成，主要为麻粒岩相岩石(B. R. HACKER et al., 2015)。相较于超铁镁质的上地幔，下地壳的铁镁质岩石具有较低的地震波速度和密度，致使下地壳和上地幔之间存在显著的物性差异，因此该界面可被地球物理方法探测，即地震学莫霍面，主要特征为地震波速度在该界面急剧增加。而岩石学角度的壳幔间断面则被定义为：长英质/长英质-铁镁质过渡/铁镁质地壳岩石与超铁镁质上地幔岩石的分界带。然而，下地壳和上地幔的成分不均一及其变质作用可能使壳幔间断面上下层的速度和密度差异减小，从而难以被探测到。

在大于 35 km 的深度，花岗岩易于转化为榴辉岩，尽管转换条件和速率仍存在争议。在地质时间尺度下，寒冷克拉通岩石圈中辉长岩向榴辉岩的转变，需要岩石圈地幔温度 T>600℃，并存在流体以促进元素的迁移(T. J. AHRENS and G. SCHUBERt, 1975; E. V. ARTYUSHKOV and M. A. BAER, 1983)，该条件已被有关岩石露头和捕虏体的研究所证实(P. HERMS, 2002; T. JOHN et al., 2003)。榴辉岩的物理性质取决于发生相变的母岩组成和相变程度(H. AUSTRHEIM, 1990)，常与下地壳岩石性质存在很大差异。而与地幔橄榄岩相比，榴辉岩具有相似或更高的地震波速度以及更高的密度(T. JANIK et al., 2007; S. Y. O'REILLY and W. L. GRIFFIN, 2013; D. B. SNYDER and B. A. KJARSGAARD, 2013)。因此，下地壳榴辉岩化可能引起地震波速度在下地壳榴辉岩层顶部急剧增加，并最终导致地震学莫霍面(实为下地壳榴辉岩层的顶部)优先被探测到，而真正岩石学定义上的地壳和地幔分界面(以榴辉岩底部铁镁质到超铁镁质岩的成分变化为特征)则很难分辨，因为在壳幔分界面处并不存在明显的速度变化。

在下地壳高度榴辉岩化的情况下，地震学莫霍面下方的密度非常高，甚至高于上地幔岩石的密度。因此，在壳幔分界面处可能会发生密度倒转，导致已变质的下地壳发生拆沉(T. E. JOHNSON et al., 2017; B. L. HACKER et al., 2015)。尽管该模型得到了数值模拟研究的支持(O. JAGOUTZ and M. D. BEHN, 2013; P. B. KELEMEN and M. D. BEHN, 2016)，但迄今为止能支持拆沉模型的地球物理证据极少(R. MEISSNER and W. MOONEY, 1998; A. LEVANDER et al., 2011)。此外需要强调的是，拆沉的发生需要有解耦层的存在，较弱的上地幔流变(如上地幔温度高于 1500℃)和下地壳温度高于 900℃(I. T. KUKKONEN et al., 2008; M. JULL and P. B. KELEMEN, 2001)，否则厚的下地壳将会保留。

我们观测到的地壳厚度薄(大约 30 km)、平均速度低、垂向速度梯度小，且莫霍面上下速度差极大，上述种种迹象表明强振幅莫霍反射震相(最大可观测震中距超 1000 km)可能并非来自真正的壳幔分界面，而是来自下地壳榴辉岩顶部界面(麻粒岩和榴辉岩的分界面)。另一方面，由于榴辉岩与上地幔橄榄岩仅存在微弱的速度差，因此来自真正的壳幔分界面(下地壳榴辉岩的底部界面)的反射震相在地震剖面上反而难以被观测到。至于榴辉岩化的程度，我们可以基于榴辉岩层的平均速度按下面的公式进行简单估计：

$$V_p = V_G \times (1-E) + V_E \times E \tag{5.1}$$

式中，E 为下地壳榴辉岩层中榴辉岩含量，V_p 为下地壳榴辉岩层平均速度，V_G 为常规下地壳麻粒岩的 P 波速度，V_E 为榴辉岩 P 波速度。我们依据折射波 Pn 到时可知，莫霍面之下的 P 波速度约为 8.0 km/s，而麻粒岩速度约为 7.0 km/s，榴辉岩速度则取 8.5 km/s，由此可计算得到下地壳榴辉岩层榴辉岩化的程度约为 62.5%。进一步依据

$$\mathrm{Rho} = \mathrm{Rho}_G \times (1-E) + \mathrm{Rho}_E \times E \tag{5.2}$$

式中，Rho 为下地壳榴辉岩层的平均密度，Rho_G 为麻粒岩的密度，取 3.00 g/cm^3，Rho_E 为榴辉岩密度，取 3.50 g/cm^3。据此，可以计算得到榴辉岩层的平均密度约为 3.31 g/cm^3，与上地幔橄榄岩密度极其相近。因此，想通过密度差异来分辨真正的壳幔分界面也非常困难，我们推测真正的壳幔分界面深度为 40~50 km，与华北克拉通中、西部莫霍面深度相似。

下地壳榴辉岩化的速度模型(图 5.1)可以较好地解释我们所观测到的特殊地壳结构特征，该模型的最大特点是在震中距为 100~500 km 的区域下方，需要下地壳存在一个长 400 km、厚 10~20 km，且榴辉岩化程度约为 62.5%的榴辉岩层。然而，地质研究表明(S. GAO et al., 2004)该区域地表并未发现榴辉岩，且如此大规模的榴辉岩层如何形成以及如何保存至今还需要进一步论证。

(2)下地壳存在强水平各向异性。理论地震图正演结果[图 4.20(d)、图 4.21(d)、图 4.22(d)、图 4.23(d)、图 4.24(b)]表明，仅依据莫霍面上下层极强的速度差是很难解释这一特殊观测现象的，即在莫霍面发生二次反射的多次波震相其振幅与一次反射波震相的振幅几乎相当。已有研究表明，地震各向异性的分层会在分层界面处产生地震波速度变化(S. I. KARATO et al., 2015; H. Y. YUAN and B. ROMANOWICZ, 2010; F. SODOUDI et al., 2013; H. A. FORD et al., 2010)，据此我们提出该极薄的下地壳可能同时存在强水平各向异性，使得莫霍面处反射振幅增强(G. ZANDT et al., 2004)。

相较于全球五大主要构造单元类型(造山带、地槽和地台、大陆岛弧、裂谷和伸展地壳)对应的地壳结构特征(图 5.2)，无论是地壳平均厚度还是平均速度，中朝克拉通东缘及邻区均与地壳伸展区域的结构更为相近，这表明其地壳也可能经历了强烈伸展变形。地表地质研究表明，晚中生代以来区域内发育了一系列变质核杂岩与伸展穹窿、拆离断层和断陷盆地，并经历了广泛的火山喷发，这些有力地支持了该区域在早白垩世经历强烈的地壳伸展与岩浆活动。全球有关变质核

杂岩的大量研究指出，其伸展活动与下地壳流动或重力垮塌相关(C. TEYSSIER et al.，2005)。典型的变质核杂岩也称为科迪勒拉型(cordillera-type)变质核杂岩，其主要特点为脆性上地壳发育上叠盆地，中-下地壳发育低角度或平缓的拆离韧性剪切带。变质核杂岩的演化常伴随岩浆活动、流动变形，以及混合岩化，下地壳流动与均衡隆升对核部杂岩的剥露具有重要的贡献(C. TIREL et al.，2008)。中朝克拉通最东部的辽南变质核杂岩，其特征最接近科迪勒拉型(J. L. LIU et al.，2005，2013)，该核杂岩内平缓的拆离韧性剪切带一般出现在脆性上地壳和流动下地壳之间，反映了较强的下地壳流动。此外，华北变质核杂岩内低角度拆离韧性剪切带的出现也指示应变具有局限性，与克拉通地壳软化程度有限相吻合。

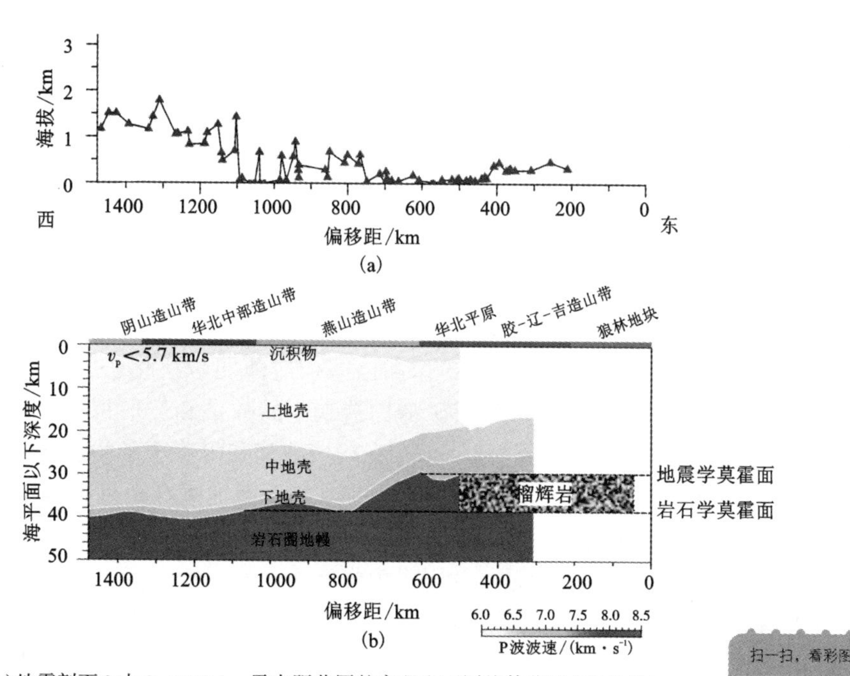

(a)地震剖面 3 中 0~1500 km 震中距范围的高程和不同块体位置(彩色线)。
(b)基于 NCcrust 模型(B. XIA et al.，2017)沿剖面 3 插值得到的地壳 P 波速度模型。

扫一扫，看彩图

图 5.1　下地壳榴辉岩化的速度模型

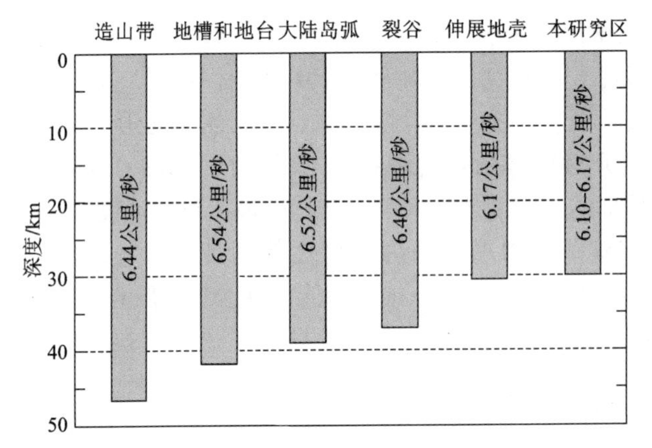

图 5.2　全球主要构造单元及中朝克拉通东缘和中亚造山带东南缘地壳平均结构

(修改自 N. I. CHRISTENSEN and W. D. MOONEY, 1995)

各种地质证据均指示，中朝克拉通东缘及邻区曾存在较强的下地壳流动。根据已有地质地球物理资料，我们推测这种下地壳流动可能的演化过程大致如下：

(1)古太平洋板块持续向西俯冲，使得俯冲板片及地幔楔发生脱水和减压熔融，而后流体(H_2O)和熔融物质上涌引发交代作用和岩浆活动，造成俯冲板片上方的地壳强度变弱。尽管传统板块理论认为岩石圈为刚性，但研究表明大陆板块内部各种因素均可导致岩石圈强度弱化和已有构造薄弱带活化(S. MARSHAK et al., 1999)。比如微量元素可以改变矿物构造缺陷的数量和变形机制，通常认为不含水的矿物(如橄榄石、石英等)如果存在构造缺陷和附着于矿物表面的含水络合物，则会导致矿物发生明显弱化。由此可见，岩石圈地幔在条件适当的情况下可以发生弱化。尽管俯冲板片停止俯冲，地幔楔冷却，但持续的热机械-化学侵蚀作用使下地壳形成高密度物质，并因重力失衡而诱发下地壳拆沉[图 5.3(a)]。

(2)在最薄弱的下地壳和岩石圈地幔处发生的拆沉作用，促使周边的下地壳物质水平流向拆沉处。一旦这一过程开始，拆沉处的垂向牵引力会加快下地壳物质的水平流动速度，下地壳流的存在则使得周边整个地区的下地壳减薄，并造成整个地壳的厚度减薄至如今的约 30 km[图 5.3(b)]，而原始的地壳厚度可能与中朝克拉通中西部的地壳厚度相当。

(3)水平方向下地壳流的存在将导致剩余的薄下地壳(约 3 km)具有明显的水平各向异性[图 5.3(c)]，这为我们在中朝克拉通东北缘观测到的特殊地壳结构(莫霍面反射系数极大，平均地壳速度极低)提供了另一种新的解释。

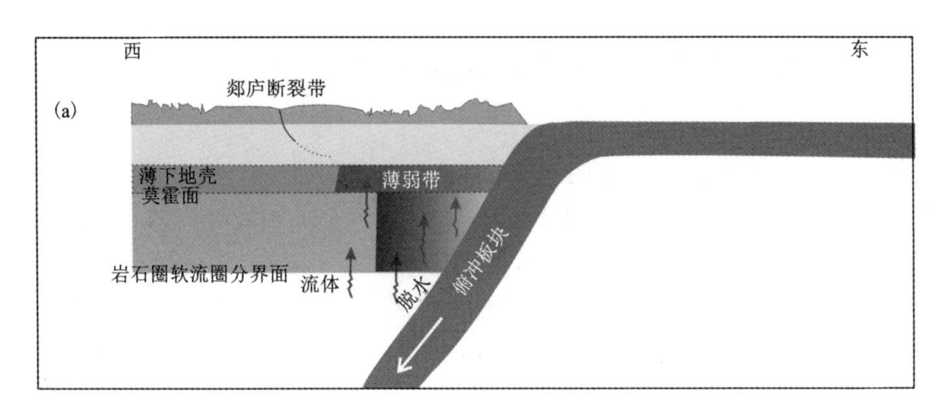

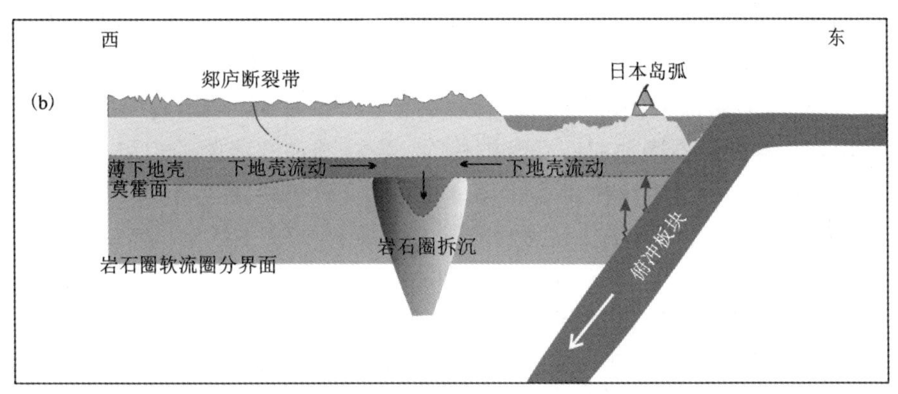

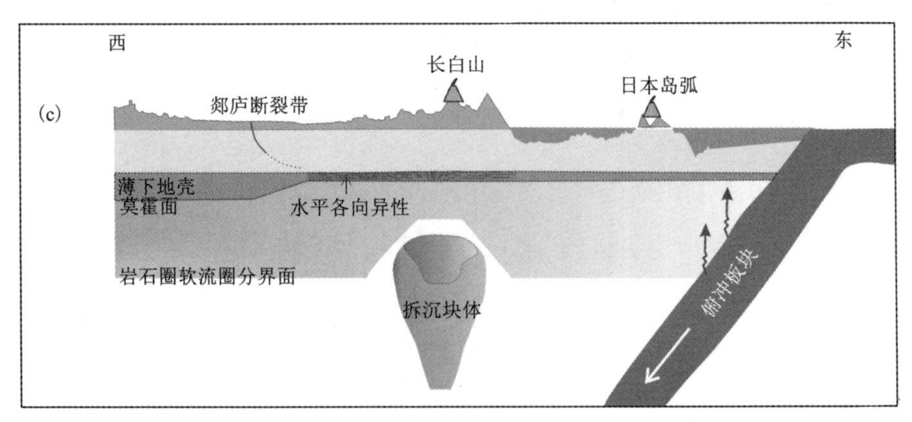

(a)早期古太平洋板片俯冲，在地壳形成了一个薄弱带和岩浆弧处的地幔楔。(b)俯冲板片后撤，薄弱带岩石圈地幔开始向深部下坠，致使周边下地壳流向岩石圈坠落处，下地壳减薄。(c)岩石圈发生拆沉后系统冷却，下地壳流中岩石晶体排列使仅剩的超薄下地壳存在强烈的各向异性，在薄地壳底部形成超强的莫霍面反射。

图 5.3　中朝克拉通构造-岩浆演化示意图

5.2 上地幔岩石圈内部间断面的起源

反演结果[图 4.24(a)]表明，在剖面 3 下方 75 km 深处存在一个正速度梯度的岩石圈内部间断面(ILD)；在 120 km 深处存在一个负速度梯度的岩石圈中部间断面(MLD)，该间断面为上地幔低速带的顶部。

MLD 通常在岩石圈厚度超过 200 km 的稳定克拉通下方 60~160 km 深度范围内被观测到(H. THYBO and E. PERCHUĆ, 1997；A. G. JONES et al., 2003；C. A. RYCHERT and P. M. SHEARER, 2009；H. Y. YUAN and B. ROMANOWICZ, 2010；E. RADER et al., 2015；W. J. SUN et al., 2018)。其中，E. PERCHUĆ 和 H. THYBO(1996)在 Baltic 地盾下方首次观测到 MLD 的存在。在构造活动区域，比如华北克拉通东部和怀俄明克拉通西部(L. CHEN et al., 2014；E. HOPPER et al., 2014)，厚的岩石圈根或许已经被移除，岩石圈和软流圈的边界(LAB)可能位于 60~100 km 深度，这使得 LAB 和 MLD 难以简单地通过所处深度范围来区分。在华北克拉通东北缘下方，我们的研究结果表明在约 75 km 深存在 ILD，该深度与利用自相关法(W. J. SUN et al., 2020)及 S 波接收函数法(F. C. MENG et al., 2021)得到的 MLD 深度相近。

目前，前人已总结了不同物性参数变化对地震波传播速度的影响(图 5.4)，并提出各种机制来解释 ILD 和 MLD 的起源，总体上可分为三大类：热差异(包括部分熔融及岩石的亚固相线地震弛豫)、组分差异(包括地幔铁元素含量差异，含

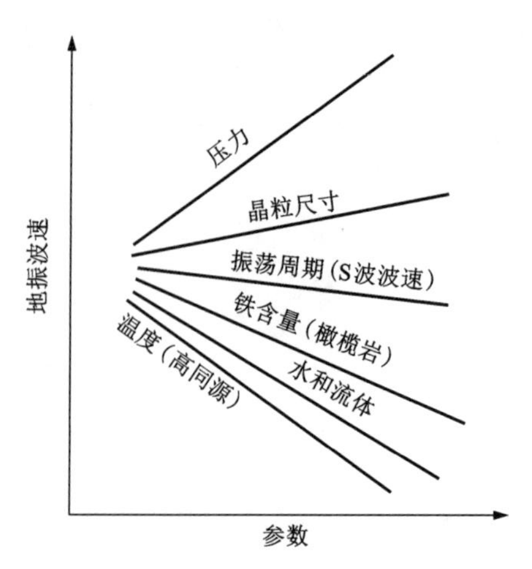

图 5.4 不同物性参数对地震波传播速度影响示意图

(引自 I. M. ARTEMIEVA, 2011)

水矿物的存在及矿物相变)和各向异性变化(包括径向和方位各向异性的变化)。下面,我们将结合本书观测结果及已有地质资料,依据各机制的物理特性逐一讨论其合理性(表 5.1 和图 5.8)。

5.2.1　热机制(部分熔融和弹性调节晶界滑动)

温度变化(随深度增加而增加)是影响岩石圈地幔橄榄岩地震波速度的主要因素(D. S. HUGHES and J. H. CROSS, 1951)。研究表明,在具有相似地温梯度线的不同克拉通下方,MLD 的深度大致一致。然而,在一些区域,如美国东部(M. S. MILLER and D. W. EATON, 2010),MLD 的深度在水平方向上却存在急剧变化。我们知道,在克拉通岩石圈内部,地幔温度通常随深度变化是平缓的,由此引起的地震波速度变化也理应平缓,因此只考虑正常的地温梯度变化难以解释 ILD 及 MLD 界面处速度的显著变化。部分熔融(partial melting)及弹性调节晶界滑动(elastically-accommodated grain-boundary sliding)是两种特殊的热机制,可以导致较急剧的温度变化进而影响速度变化。下面对这两种可能的热机制分别做简单讨论:

(1)部分熔融或岩石温度达到对应深度固相线温度的 80%以上[图 5.5 和图 5.8(a)]。H. THYBO 和 E. PERCHUĆ(1997)认为部分熔融是最可能造成 MLD 存在的原因,即在 MLD 深度附近,岩石地温梯度线与橄榄岩固相线相交,部分熔融开始发生,熔体的存在使得地震波速降低。除部分熔融外,如果 MLD 深度附近及该界面之下 LVZ 内的岩石温度达到该深度橄榄岩固相线对应温度的 80%及以上,此时虽不存在部分熔融,但同样可让该深度范围地震波速度降低,从而导致 MLD 的存在(H. THYBO, 2006)。在这两种机制下,LVZ 内部都存在强散射体,而 LVZ 的底部对应正速度梯度反射界面(Lehmann)。

我们基于中朝克拉通东北缘的地表热流值,使用如下公式(B. XIA et al., 2020)计算地温梯度线:

$$T(z)=T_{top}+zQ_{top}/k-z^2A/2k \tag{5.3}$$

$$Q_{base}=Q_{top}-Ah \tag{5.4}$$

式中,z 为层内深度,T_{top} 和 Q_{top} 分别为该层顶部温度和热流值,地表处 $T=0℃$,Q 为测得的地表热流值,Q_{base} 为层底部的热流值,h 为层厚,A 和 k 分别为层内平均产热率和热导率。在地壳内 A 和 Q 分别取值 0.6 $\mu W/m^3$(I. M. ARTEMIEVA and W. D. MOONEY, 2001)和 2.6 mW/m^2(C. CLAUSER and E. HUENGES, 1995),在岩石圈地幔内则分别取值 0.01 $\mu W/m^3$(I. M. ARTEMIEVA and W. D. MOONEY, 2001)和 4.0 mW/m^2(J. F. SCHATZ and G. SIMMONS, 1972)。

计算可得不同地表热流值对应的地温梯度变化线,并将其与上地幔不同类型橄榄岩对应的固相线(尤其是含水含碳橄榄岩固相线)进行对比[图 5.5(b)]。在本书研究区域，地表热流值为60±10 mW/m^2，在MLD深度处对应的温度均高于C-H-O橄榄岩固相线和水的质量分数为500×10^{-6}的橄榄岩固相线温度，并与水的质量分数为200×10^{-6}的橄榄岩固相线温度相近。由此我们认为LVZ可能由上地幔部分熔融导致，而MLD为该低速带顶界面。

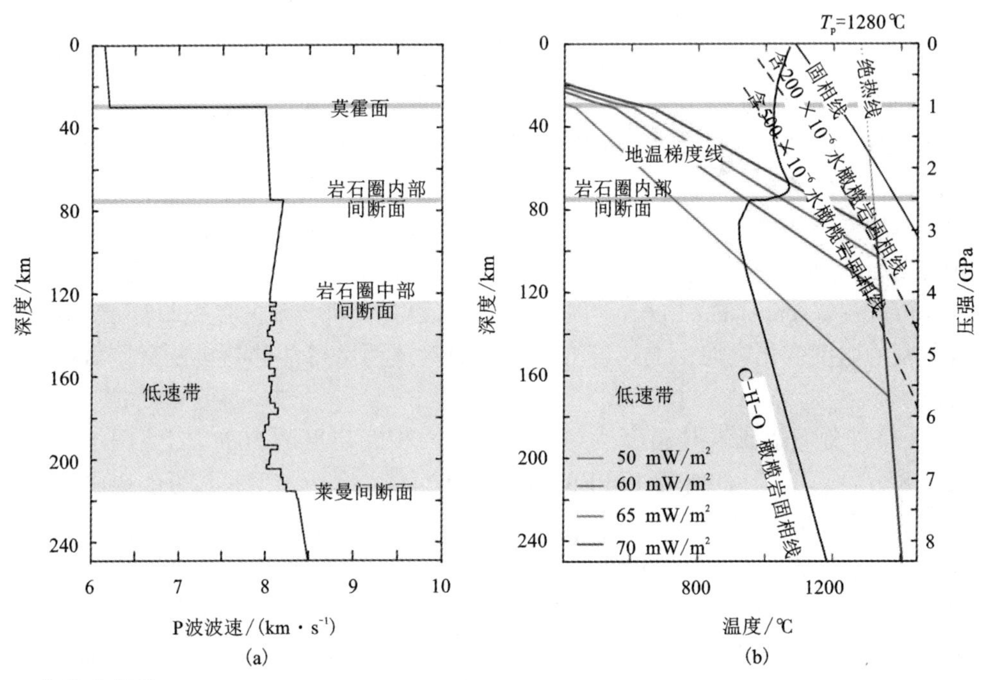

(a)中朝克拉通东北缘下方精细上地幔P波速度结构。(b)中朝克拉通东北缘下方地温梯度线及橄榄岩固相线。区域地温梯度线基于B. XIA等(2020)的方法依据该地区地表热流值(G. Z. JIANG et al., 2019)计算得到。C-H-O橄榄岩固相线(引自P. J. WYLLIE et al., 1990)和干燥及含不同水量的橄榄岩固相线(引自R. F. KATZ et al., 2003)均受到实验室部分熔融实验约束。

图5.5 中朝克拉通东北缘下方P波速度模型及地温梯度线

(2)弹性调节晶界滑动。多晶矿物受到应力时，会在矿物晶粒内部或通过晶界滑动改变晶粒的相对位置，从而产生变形。在低温下，晶界滑动困难，晶粒将产生弹性形变；在适宜的温度下，晶界变弱，晶粒的弹性形变将使得晶粒发生对应的晶界滑动，称为EAGBS(elastically-accommodated grain-boundary sliding)。EAGBS导致弹性模量减小，使得多晶矿物的地震波速度降低；在较高的温度(较低频率)下，弹性调节将逐渐变为扩散调节，导致扩散蠕变。实验研究表明(图5.6)，随着温度升高，地幔物质状态从非松弛变为松弛，同时地震波速度降低，该转变的临界温度为 900±300℃。然而，仅因温度变化产生 EAGBS 很难导致地震波速度骤降，在合理的粒径分布及地温梯度范围内，EAGBS 可在 20~30 km 的深度范围导致 5%的速度下降。如果 EAGBS 由存在高含水层引起，则会伴随着较急剧的速度下降(S. I. KARATO et al.，2015)。该模型为 MLD 的存在提供了一种可能的解释，即 MLD 所在深度范围可能对应地幔岩石含水量(氢)或温度的急剧变化，然而实验并未测试岩石含水量(氢)、压力及晶体粒度对实验结果的影响，因此其是否能解释本研究中的 ILD 及 MLD 仍需做进一步研究论证。

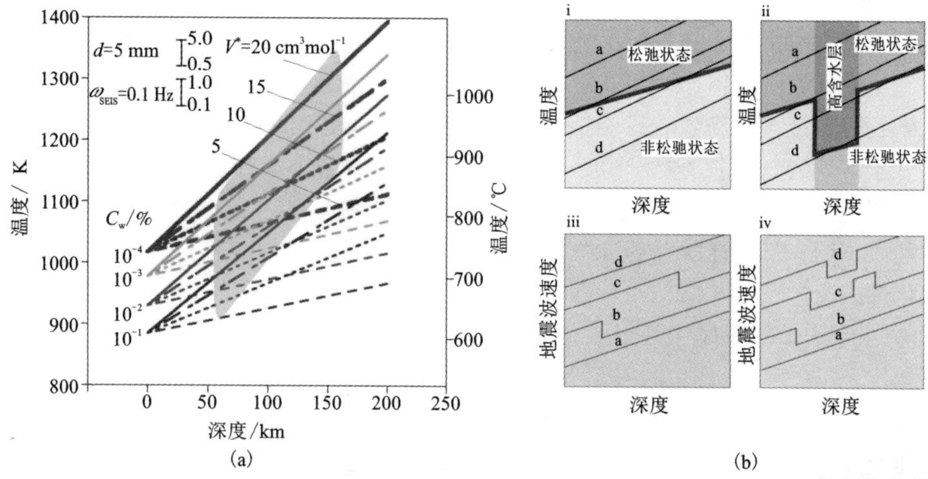

(a)预估可观测到 MLD 的温度-深度关系。图中展示了多种含水量(C_w)及活化体积(V^*)的情况，d 是粒度，f 是频率。蓝色区域为可观测到 MLD 的区域。(b)两种模型 EAGBS(红线)发生的条件和地热线(黑线)，一种为均匀含水模型(i)，另一种模型有富含水层(ii)。对应的地震波速度与深度变化关系分别为(iii)和(iv)。当红线和黑线交叉时，地震波速度会发生变化(降低)。

图 5.6　基于 EAGBS 模型 MLD 的特征(引自 S. I. KARATO et al.，2015)。

5.2.2　地幔组成变化或交代作用

除温度的影响外，主要化学元素含量的变化，即 Mg 指数 Mg#＝100x(Mg)/[x(Mg)+x(Fe)]，也可能造成岩石圈地幔橄榄岩速度异常(D. L. SCHUTT and C. E. LESHER，2006)。此外，低速矿物或通过交代作用产生的含水矿物的大量存在也可能使得地震波速度大幅度降低(J. A. D. CONNOLLY and D. M. KERRICK，2002；B. R. HACKER et al.，2003)，比如 Kalahari 克拉通(B. SAVAGE et al.，2008)、

Tanzanian 克拉通和东非裂谷(I. WÖLBERN et al. , 2012)下方观测到的 MLD 就被认为是大量含水矿物的存在引起的。

(1)地幔 Mg#的变化[图 5. 8(c)]。在石榴石可保持稳定的深度范围(>70 km), 地震波速度随着 Mg#的增加而增加。实验数据表明, 如需地震波速降低 2%, 则需 Mg#的变化大于 5%(K. PRIESTLEY and D. MKENZIE, 2006)。对地幔捕虏体 Mg#测量结果表明, 即使在具有明显分层的 Slave 克拉通岩石圈内, Mg#也不可能存在如此急剧的变化。中朝克拉通中部和东部的橄榄岩捕虏体组成研究(J. P. ZhENG et al. , 2001)表明该地区存在两种尖晶石相：高 Mg#(≥=92)和低 Mg#(<91), 这说明中朝克拉通形成后岩石圈地幔经历了显著的改造。其中, 高 Mg#橄榄岩以难熔的方辉橄榄岩为主, 被解释为古老克拉通岩石圈根的残留；而低 Mg#橄榄岩主要为二辉橄榄岩, 在典型的太古代克拉通岩石圈中罕见, 被解释为新生的岩石圈地幔(Y. J. TANG et al. , 2008)。然而, 并没有明显的证据表明古老岩石圈根过渡到新生岩石圈地幔会产生明显的速度下降或新生的岩石圈地幔速度低于古老岩石圈根地幔速度。因此, Mg#的变化无法解释作为 LVZ 顶界面的 MLD 的存在。其次, Mg#的降低会使地震波速度降低, 与我们观测得到的 ILD 界面性质不同, 因此 ILD 也不可能是岩石圈地幔从高 Mg#(≥92)到低 Mg#(<91)的变化形成。

(2)含水矿物的存在[图 5. 8(d)]。与橄榄石、辉石和石榴石等无水地幔矿物相比, 含水矿物(如角闪石、金云母等)具有更低的地震波速度(B. R. HACKER et al. , 2003), 超过 10%的含水矿物就可能引起 2%~6%的速度下降。尽管岩石圈地幔并非主要由含水矿物组成, 但在地幔包体中通常可以观测到含水矿物的存在(W. L. GRIFFIN et al. , 1984; J. KONZETT et al. , 2013), 这些含水矿物主要由交代作用产生。如果要用含水矿物的存在解释 MLD, 则这些含水矿物应仅存在 MLD 深度范围, 而并非整个岩石圈。角闪石的最大稳定深度处压强大约为 3 GPa (P. J. WYLLIE, 1987), 上升的含水熔体/含水流体在 3 GPa 处与地幔橄榄岩发生交代作用, 成为结晶角闪石, 并形成一个较小深度范围的“结晶前沿”。相较于角闪石, 另一种常见的含水地幔矿物金云母具有更高的最大压力和稳定温度(图 5. 7)。研究表明, 在南澳大利亚的 Gawler 克拉通、东澳大利亚、美国西部及 Kaapvaal 克拉通下方均发现角闪石, 且存在深度与观测到的 MLD 深度较一致(K. SELWAY et al. , 2015)。角闪石的存在不仅可以解释克拉通内存在 3 GPa 压强所处深度的 MLD 的速度下降现象, 还可以解释相似深度范围内构造活跃大陆下 LAB 的速度下降现象。但并非所有观测到的 MLD 都可以用存在大量角闪石来解释。在 Kaapvall 克拉通的部分区域及澳大利亚东南部(Victoria), 基于捕虏体得到的角闪石深度与观测得到的 MLD 深度存在显著差异。Tanzanian 克拉通和东非裂谷下方观测到的 12%和 24%的地震波速度骤降更可能是由大量交代作用产生的金云母和辉石引起的(I. WÖLBERN et al., 2012)。此外，在西伯利亚克拉通和 Slave 克拉通下方，地震学研究表明约 100 km 深处存在 MLD，但对地幔捕虏体的研究并未发现大量角闪石的存在。对中朝克拉通地幔包体的研究证实，该区域岩石圈地幔存在含水矿物(Y. G. XU et al., 1996；Q. K. XIA et al., 2010, 2013；Q. WANG et al., 2014)，但我们的研究结果表明 MLD 存在深度大约为 120 km，远大于角闪石最大稳定深度，与金云母稳定深度范围较一致。因此 MLD 处的低速或许是由大量金云母聚集造成的。

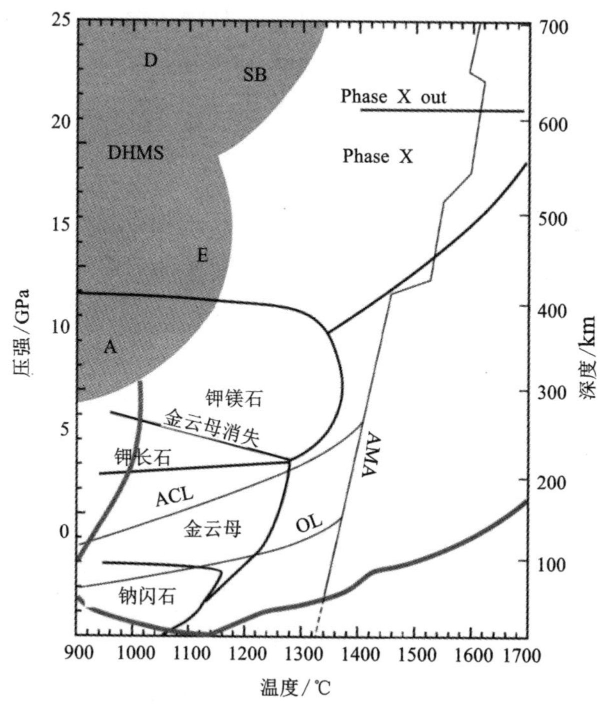

灰色阴影区为致密水合硅酸镁相 A、E、超水合相 B(SB)和 D 的稳定位置(T. KAWANMOTO, 1995)。粗灰色曲线显示在水饱和和干燥条件下的橄榄岩固相线。太古宙岩石圈地幔(ACL)地温梯度线，1 亿年前的海洋岩石圈地幔(OL)的地温梯度线和平均地幔绝热线(AMA)均由黑细线表示。

图 5.7　水欠饱和条件下由橄榄岩组成的地幔中含水矿物稳定性场

(引自 D. J. FROST, 2006)

(3)尖晶石到石榴石相变(相变带宽压强为 0.1~0.2 GPa)[图 5.8(e)]。实验表明，石榴石在富集橄榄岩的无水固相线上稳定的最小压力为 2.8 GPa，对应深度大约为 85 km，与我们观测得到的 ILD 具有相似深度。且由尖晶石到石榴石相变，地震波速度增加，与具有正速度梯度的 ILD 性质一致。因此，ILD 可能代表尖晶石到石榴石的相变带。

5.2.3 橄榄石粒径变化

对南非克拉通上地幔橄榄岩包体中橄榄石粒径大小随深度的变化研究表明，橄榄石粒径大小从 120~140 km 处的 4~8 mm 骤减至 150 km 深度处的 1 mm。岩石物理研究表明，随着晶粒尺寸的增加，剪切模量增加，衰减减小，即地震波速度增加。剪切模量和衰减对晶粒尺寸的强烈依赖性允许在没有熔融或流体存在的情况下，可用橄榄石晶粒尺寸的变化来解释上地幔低速带的存在（U. H. FAUL and I. JACKSON，2005），然而该解释仅适用于含水地幔。在干燥的克拉通上地幔中，在不含流体/熔融的情况下，晶粒的变化不足以解释 MLD 的存在。而中朝克拉通经历了太平洋板块的俯冲并伴随俯冲板片脱水，使得克拉通上地幔富水，因此橄榄石粒径变化或许可以解释 MLD 的存在[图 5.8(b)]。

5.2.4 地震各向异性变化

上地幔各向异性可分为径向各向异性和方位各向异性。当各向异性被参数化为水平和垂直传播/极化之间的差异时，它被称为径向各向异性。对于 S 波，径向各向异性是指 S 波速度沿水平和垂直方向极化的差异，即同一条射线路径对应的 SH 波和 SV 波在传播速度方面的差异。各向异性也可以参数化为地震波速度对水平面内传播方向的依赖，这被称为方向各向异性，即同一种波沿不同方位的射线路径在传播速度方面的差异。因此，地震各向异性的突然变化也可能是 ILD 或 MLD 存在的原因。在两层模型中[图 5.8(f)]，定义 V_{SV} 为垂直极化剪切波速度，V_{SH} 为水平极化剪切波速度。层状方位各向异性（地震波极化的几何形状和各层各向异性的方向变化）的存在可造成 V_{SV} 的增大或减小。当顶层存在负径向各向异性（$V_{SH}<V_{SV}$），而底层为各向同性时，则界面处的速度变化与 MLD 一致；若顶层为正径向各向异性（$V_{SH}>V_{SV}$），则界面处的速度变化与 ILD 一致。当顶层为各向同性，底层存在负径向各向异性（$V_{SH}<V_{SV}$）时，界面处的速度变化也与 MLD 一致，反之则与 ILD 一致。

对北美（H. Y. YUAN and B. ROMANOWICZ，2010）、南非（F. SODOUDI et al.，2013）和澳大利亚（H. A. FORD et al.，2010）的研究已发现了上地幔各向异性分层结构。在 60~150 km 深度范围内，不同类型的各向异性分层将在层界面处产生不同的地震波速度变化。方位各向异性的变化无法解释 ILD 或 MLD，因为这种各向异性分层结构产生正或负速度变化具体取决于到达波的后方位角，而对中朝克拉通西部和东北部各向异性的研究结果（Y. TIAN and D，P，ZHAO，2011；J. WANG et al.，2014；L. ZHAO and T. Y. ZHENG，2005）表明，上地幔并不存在明显的多层径向各向异性分层结构可以同时解释 ILD 和 MLD 的存在。然而，角闪石（压强约

3 GPa)存在中等强度的单晶各向异性(V. BABUSKA and M. CARA, 1991), 或许可在 ILD 深度附近形成各向异性层。

表 5.1　岩石圈内部间断面(ILD 和 MLD)形成机制分析

形成机制分类		速度变化	深度	参考文献	合理性
温度	部分熔融(含流体)	降低	100±20 km	H. THYBO and E. PERCHUĆ, 1997	+
	部分熔融(岩石温度达到对应深度固相线温度的 80%及以上)	降低	100±20 km	H. THYBO, 2006	–
	弹性调节晶界滑移	降低	约 100 km	S. I. KARATO et al., 2015	–
化学组分	地幔中 Mg# 含量降低	降低	>160 km	D. L. SCHUTT and C. E. LESHER, 2006	?
	含水矿物(角闪石/金云母)的存在	降低	约 100 km	P. J. WYLLIE, 1987; D. J. FROST, 2006	–
	尖晶石至橄榄石的相变	降低	85~100 km	J. A. C. ROBINSON and B. J. WOOD, 1998	+
	橄榄石粒径尺寸变化	降低	150 km	U. H. FAUL and I. JACKSON, 2005	?
各向异性	方位各向异性	?	?	H. Y. YUAN and B. ROMANOWICZ, 2010; E. A. WIRTH and M. D. LONG, 2014	?
	径向各向异性	降低	?	C. A. RYCHERT and P. M. SHEARER, 2009	?

注: "+"表示可接受的解释; "–"表示不可能的解释; "?"表示不确定。

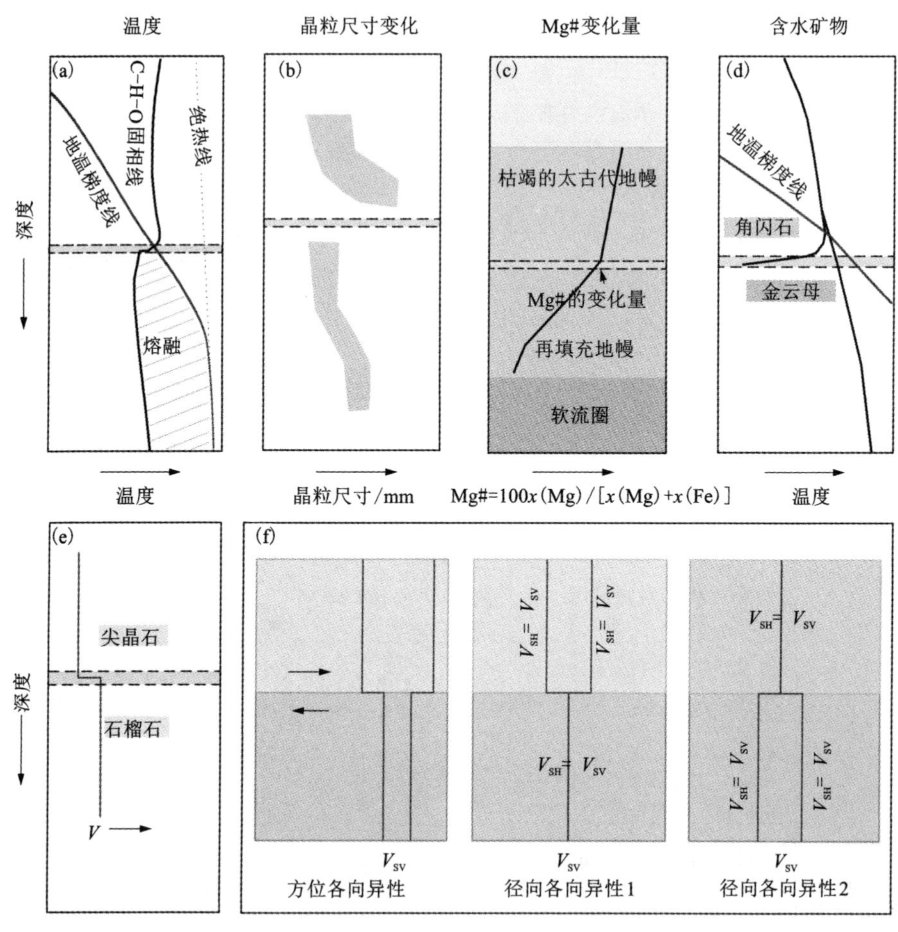

(a)部分熔融或地温梯度线接近橄榄岩固相线模型。(b)橄榄石(南非金伯利岩的地幔橄榄岩捕虏体)晶粒大小随深度分布。(c)Mg#元素含量随深度的变化。(d)含水矿物角闪石和金云母的稳定深度范围。(e)尖晶石到石榴石相变。(f)层状各向异性结构及对应的地震波速度变化(引自 S. I. KARATO et al., 2015)。

图 5.8 ILD 或 MLD 存在的可能原因示意图及对应的速度-深度变化

5.3 中朝克拉通东部上地幔现今状态

古老克拉通通常具有厚而轻(化学亏损)、冷而干燥且强度更高的岩石圈，相较于构造活跃地区，其上地幔速度整体偏高。在此，我们整理了已发表的长偏移距地震剖面(H. THYBO, 2006)和图 4.1 所示核爆剖面的走时数据[图 5.9(a)], 并依据走时特征(除本书核爆剖面走时数据外), 将上地幔平均速度结构分为两类: ①构造稳定、地震活动少、地表热流值低的“冷”克拉通区域, 其特征是平均地震波速度相对较高; ②构造活跃、地震活动频发、地表热流值高的“热”地区, 其特征是平均地震波速度相对较低。在 500 km 震中距范围内, 两种地区的初至震相到时差异较小, 然而随着震中距加大, “冷”地区的 Pn 震相折合到时随震中距增大而变小, 视速度由 500 km 震中距范围内的 8.0 km/s 左右, 增至 1500 km 震中距的 8.3 km/s 左右。相比之下, “热”地区的 Pn 震相视速度保持在 8.0 km/s 左右, 折合走时稳定在 8~12 s 范围内, 走时整体滞后。“冷”和“热”地区的 Pn 震相到时差随震中距增大逐渐增大, 在 1500 km 震中距, 到时差最大达 9 s。“冷”和“热”地区均能观测到来自地幔过渡带顶部“410 km”间断面的反射震相且二者视速度相似, 但“热”地区 P410 震相到时整体滞后“冷”地区约 9 s。且来自 Lehmann 间断面的折射/反射震相 PL 仅能在“冷”地区被清楚观测到。

本书研究的 5 条剖面震相到时特征[图 5.9(b)]较为特殊, 与“冷”、“热”地区震相到时既具有相似性, 又同时存在显著的差异性, 似介于“冷”和“热”地区之间。具体表现为: ①Pn 震相视速度与“热”地区的 Pn 震相视速度相近, 均为 8.0 km/s 左右, 但 Pn 震相到时较“热”地区整体提前 2 s 左右到达, 与“冷”地区的 Pn 震相到时值更为相近; ②P410 震相视速度与“冷”、“热”地区均相近, 到时值介于二者之间; ③能观测到高信噪比的“冷”地区特征震相 PL, 但 PL 震相到时相对滞后 5 s。特殊的到时特征表明中朝克拉通东缘及邻区上地幔整体处于由“冷”到“热”的过渡状态。清晰的 Lehmann 间断面反射震相的存在说明其上地幔主体仍保留着类似稳定克拉通的分层结构, 但上地幔整体速度特征却由构造稳定的古老克拉通上地幔向构造活跃地区的上地幔转变。

对华北克拉通地幔橄榄岩捕虏体的研究表明, 在古生代华北具有典型克拉通型的岩石圈地幔, 但自白垩纪以来其岩石圈地幔主要由饱满的二辉橄榄岩组成, 具有类似于大洋型岩石圈地幔的特征(H. F. ZHANG and M. SUN, 2002; 张宏福等, 2006; F. YING et al., 2006), 与世界上典型的克拉通(如南非克拉通)岩石圈地幔(太古宙岩石圈地幔)有着明显的区别。太古宙岩石圈地幔主要特征是存在高度难熔的方辉橄榄岩和难熔的二辉橄榄岩(F. R. BOYD, 1989; W. L. GRIFFIN et al., 1999)。在中朝克拉通东部出露新生代地幔橄榄岩捕虏体的地区, 岩石圈地幔在物质组成和性质上具有类似于“大洋型”地幔的同位素亏损、年轻、易熔等特征, 而与古生代典型克拉通型岩石圈地幔同位素相对富集、古老、难熔等特征明显不同。但不可否认的是, 目前所积累的大量地幔橄榄岩捕虏体的 Re-Os 同位素年龄数据显示, 在华北东部新生代地幔橄榄岩中, 除绝大部分具有年轻的同位素年龄之外, 还有一部分地幔橄榄岩仍具有相对“老”的年龄, 其同位素年龄的变化范围很大，而且从元古宙、古生代一直到中生代和新生代呈连续分布（Y. XIAO et al.，2010；Y. J. TANG et al.，2008，2013a，2013b）。

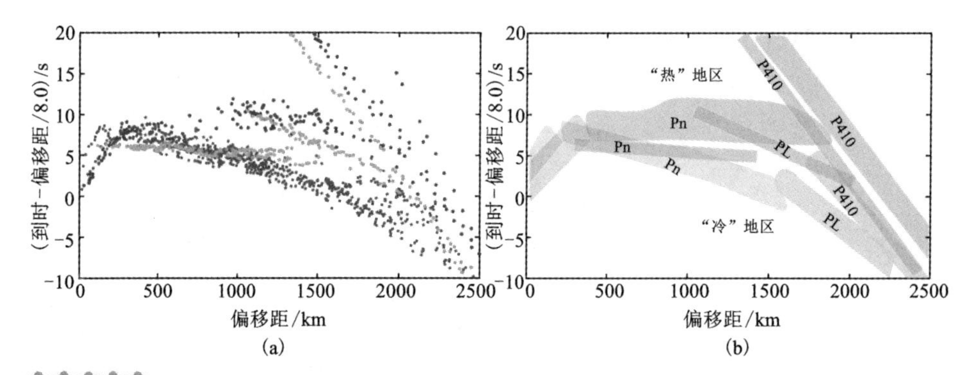

(a)长偏移距地震剖面震相走时数据，震相走时折合速度为 8 km/s。红点和蓝点分别代表已发表的位于构造活动区和构造稳定区的地震剖面震相走时（H. THYBO，2006）；绿点为本书朝鲜核爆剖面的震相走时。(b)震相走时分类解释图。其中 Pn 为上地幔初至震相，PL 为来自 Lehmann 间断面的折射/反射震相，P410 为来自地幔过渡带顶部界面的反射震相。

图 5.9　全球核爆剖面震相走时数据

综合考虑本书中剖面介于“冷”和“热”地区之间的特殊到时特征、新生代饱满易熔的岩石圈地幔地球化学特征、现今较高的地表热流值，以及频繁的地震活动性，我们认为现今中朝克拉通东部及邻区岩石圈地幔具有类似新生(大洋型)岩石圈地幔的性质，克拉通东部主体的岩石圈地幔处于由古生代典型的大陆克拉通型岩石圈地幔向“大洋型”岩石圈地幔“过渡”转变的阶段。

第6章 结 论

6.1 认识和结论

本书基于朝鲜核爆源超长地震观测剖面，利用高频P波宽角反射/折射震相，反演获得了中朝克拉通东部及其邻区高垂向分辨率的地壳及上地幔速度结构，并重点给出了中朝克拉通东北缘下方的一维上地幔精细结构模型，该模型解释了以朝鲜核爆为源，记录得到的超长地震剖面中一系列不同寻常的观测，为中朝克拉通东部岩石圈“破坏”的具体模式提供了一些新的深部结构约束。具体认识和结论如下：

(1)基于来自强振幅莫霍面一次反射波(PmP震相)及多次反射波(PmPPmP和PmPPxP震相)的到时、振幅及最大可观测震中距的约束可知，中朝克拉通东部及邻区平均地壳厚度为29~30 km；全地壳平均速度为6.10~6.17 km/s，远低于全球大陆地壳平均值，暗示下地壳很薄甚至缺失；地壳内衰减弱，垂向速度梯度小，最大不超过0.002 s^{-1}，莫霍间断面上下层存在强速度差(从6.20 km/s骤增至8.00 km/s)。我们提出了一种新模型来解释这一特殊地壳结构，即该区域存在因朝岩石圈拆沉处流动的下地壳流而形成的强水平各向异性下地壳结构，使得莫霍面具有强反射系数；并且，下地壳向拆沉处流动造成下地壳减薄(小于地震学可分辨的厚度)。我们认为该拆沉事件发生于太平洋板块后撤至现今位置之前，太平洋板块俯冲并滞留在地幔过渡带，释放大量的水和碳酸盐熔体，引发大地幔楔部分熔融，地幔对流系统失稳，促进下地壳和上地幔薄弱带的形成，而水平方向的下地壳流使得下地壳减薄且存在由晶体排列引起的强各向异性。

(2)中朝克拉通东北缘下方一维上地幔P波速度模型表明，研究区上地幔存在明显分层，主要包括：

①在75 km深度处存在具有正速度梯度的岩石圈内部间断面(ILD)；

②在 120 km 深度处存在具有负速度梯度的岩石圈中部间断面(MLD)；

③在 MLD 之下存在一个大约 70 km 厚，平均速度约为 8.05 km/s(速度远低于 IASP91 模型)的低速带(LVZ)；

④在 210 km 深度处存在具有正速度梯度的间断面(莱曼间断面)。进一步分析认为，具有正速度梯度的 ILD 可能对应尖晶石到石榴石的转换界面。位于 MLD (120 km 深)之下的上地幔低速带似乎是全球特征，通常在大陆地幔中均可观测到，低速带的存在可能是由于该深度岩石温度接近含水橄榄岩固相线温度，而莱曼间断面可能为低速带中温度接近橄榄岩含水固相线的岩石到完全固态地幔岩石的转换界面。

⑤上地幔低速带内存在强烈的非均匀性，从而导致地震波散射，在震中距 700~1300 km 范围内形成了紧随初至波到达的尾波震相。这种强烈的非均匀结构可以由一系列具有中等衰减(衰减因子 $Q=500\sim800$)，厚度在 2~7 km，速度扰动满足标准差为 4%的高斯分布的薄层(背景速度为 8.05 km/s)表示。而该上地幔散射可由多种原因产生，如各向异性的存在或岩石组分的变化。我们认为，当岩石温度接近固相线温度时，岩石性质的改变可以解释低速带内速度的强烈变化。

(3)结合本书剖面上地幔初至震相到时介于稳定克拉通(“冷”)与活动构造区域(“热”)之间的特殊到时特征和新生代饱满易熔的岩石圈地幔地球化学特征，以及现今较高的地表热流值及频繁的地震活动性，我们认为中朝克拉通东部上地幔的整体性质可能已发生了改变，正处于由“稳定”到“活跃”的过渡阶段，岩石圈地幔也已经处于由古生代典型的大陆克拉通型向大洋型过渡转变的阶段。

6.2 工作展望

本书利用朝鲜核爆地震波形资料开展了中朝克拉通东部及邻区地壳上地幔结构研究，为了解现今克拉通东部地壳及上地幔状态提供了新的地震学约束，并提出了新的动力学模型(lithosphere dripping model)。然而，上述研究工作仍有不足，比如：本书得到的仅为研究区高垂向分辨率一维地壳上地幔结构，横向分辨率不足；此外，基于 5 条剖面最优到时反演模型计算的合成理论地震图中多次波震相振幅均远小于实际观测值，据此我们提出了下地壳可能存在强水平各向异性的解释，这一解释尚需进一步求证。因此，为进一步完善本项研究，今后拟开展如下工作：

(1)收集全国固定地震台网所记录的研究区及邻域已有矿震、人工放炮震源波形资料，运用本书研究方法进行处理，提高区域速度模型的横向分辨率。

(2)针对基于最优到时反演模型计算的合成理论地震图中多次波震相振幅均

远小于实际观测值的情况，我们拟采用更高精度、可考虑结构各向异性的谱元法进行波形正演拟合，以获得研究区域更为精细的深部结构。

(3)利用研究区宽频带天然地震波形记录，针对性地开展下地壳各向异性研究，从多角度证实本书所提出的模型。

(4)将本书对深部震相的认识运用于长偏移距天然源地震剖面资料中。

参考文献

房立华，吴建平，吕作勇. 华北地区基于噪声的瑞利面波群速度层析成像[J]. 地球物理学报，2009，52(3)：663-671.

何正勤，叶太兰，丁志峰. 华北东北部的面波相速度层析成像研究[J]. 地球物理学报，2009，52(5)：1233-1242.

胡刚，滕吉文，何正勤，等. 华北克拉通东北部的远震 S 波走时层析成像研究[J]. 地球物理学报，2017，60(5)：1703-1712.

嘉世旭，张成科，赵金仁，等. 华北东北部裂陷盆地与燕山隆起地壳结构[J]. 地球物理学报，2009，52(1)：99-110.

李秋生，卢德源，高锐，等. 新疆地学断面(泉水沟—独山子)深地震测深成果综合研究[J]. 地球学报，2001，22(6)：534-540.

李延兴，徐杰，陈聚忠，等. 邢台、渤海、海城和唐山大地震震中区现今应变场的基本特征[J]. 华北地震科学，2006，24(2)：36-39.

刘有山，滕吉文，刘少林，等. 稀疏存储的显式有限元三角网格地震波数值模拟及其 PML 吸收边界条件[J]. 地球物理学报，2013，56(9)：3085-3099.

吕庆田，董树文，史大年，等. 长江中下游成矿带岩石圈结构与成矿动力学模型：深部探测(SinoProbe)综述[J]. 岩石学报，2014，30(4)：889-906.

潘素珍，王夫运，郑彦鹏，等. 胶东半岛地壳速度结构及其构造意义[J]. 地球物理学报，2015，58(9)：3251-3263.

汤艳杰，英基丰，赵月鹏，等. 华北克拉通岩石圈地幔特征与演化过程[J]. 中国科学：地球科学，2021，51(9)：1489-1503.

王椿镛. 中国深地震反射剖面探测与研究[C]//陈运泰，等. 中国固体地球物理学进展. 北京：海洋出版社，1994，120-127.

王椿镛，楼海，宋亦青. 人工地震测深数据库系统[J]. 地震学报，1994，16(1)：89-95.

王椿镛，林中洋，陈学波. 青海门源—福建宁德地学断面综合地球物理研究[J]. 地球物理学报，1995，38(5)：590-598.

王椿镛，Mooney W D，王溪莉，等. 川滇地区地壳上地幔三维速度结构研究[J]. 地震学报，

2002, 24(1):1-16.

王帅军, 王夫运, 张建狮, 等. 华北克拉通岩石圈二维 P 波速度结构特征:文登—阿拉善左旗深地震测深剖面结果[J]. 中国科学:地球科学, 2014, 44(12):2697-2708.

王海燕, 李英康, 张晨光, 等. 兴蒙造山带及邻区地壳速度结构特征[J]. 地球物理学报, 2022, 65(5):1675-1687.

温联星, 姚振兴. 用广义射线和有限差分计算近场理论地震图的混合方法[J]. 地球物理学报, 1994, 37(2):211-219.

滕吉文, 阚荣举, 刘道洪, 等. 柴达木东盆地的基岩首波和反射波[J]. 地球物理学报, 1973, 16(1):62-70.

滕吉文, 张中杰, 张秉铭, 等. 渤海地球物理场与深部潜在地幔热柱的异常构造背景[J]. 地球物理学报, 1997, 40(4):468-480.

谢小碧, 赵连锋. 朝鲜地下核试验的地震学观测[J]. 地球物理学报, 2018, 61(3):889-904.

杨顶辉. 双相各向异性介质中弹性波方程的有限元解法及波场模拟[J]. 地球物理学报, 2002, 45(4):575-583.

张长厚, 李程明, 邓洪菱, 等. 燕山-太行山北段中生代收缩变形与华北克拉通破坏[J]. 中国科学:地球科学, 2011, 41(5):593-617.

张宏福, Nakamura E, 张瑾, 等. 山东临朐新生代玄武岩携带的单斜辉石晶体中玻璃质熔体包裹体[J]. 科学通报, 2006, 51(13):1558-1564.

张先康, 嘉世旭, 赵金仁, 等. 西秦岭—东昆仑及邻近地区地壳结构:深地震宽角反射/折射剖面结果[J]. 地球物理学报, 2008, 51(2):439-450.

张中杰, 白志明, 王椿镛, 等. 三江地区地壳结构及动力学意义:云南遮放—宾川地震反射/折射剖面的启示[J]. 中国科学(D 辑), 2005(4):314-319.

朱日祥. 地球内部结构探测研究: 以华北克拉通为例[J]. 地球物理学进展, 2007, 22(4): 1090-1100.

AHRENS T J, SCHUBERT G. Gabbro-eclogite reaction rate and its geophysical significance[J]. Reviews of Geophysics, 1975, 13(2):383-400.

AKI K, CHRISTOFFERSSON A, HUSEBYE E S. Determination of the three-dimensional seismic structure of the lithosphere[J]. Journal of Geophysical Research Atmospheres, 1977, 82(2): 277-296.

ALVIZURI C, TAPE C. Full moment tensor analysis of nuclear explosions in north Korea[J]. Seismological Research Letters, 2018, 89(6):2139-2151.

AN M J, SHI Y L. Lithospheric thickness of the Chinese continent[J]. Physics of the Earth and Planetary Interiors, 2006, 159(3/4):257-266.

ANDERSON O L, SCHREIBER E, LIEBERMANN R C, et al. Some elastic constant data on minerals relevant to geophysics[J]. Reviews of Geophysics, 1968, 6(4):491-524.

ARTEMIEVA I. The Lithosphere: an interdisciplinary approach [M]. Cambridge: Cambridge University Press, 2011.

ARTEMIEVA I M, MOONEY W D. Thermal thickness and evolution of Precambrian lithosphere: a global study[J]. Journal of Geophysical Research:Solid Earth, 2001, 106(B8):16387-16414.

ARTEMIEVA I M, MOONEY W D. On the relations between cratonic lithosphere thickness, plate motions, and basal drag[J]. Tectonophysics, 2002, 358(1-4):211-231.

ARTYUSHKOV E V, BAER M A.. Mechanism of continental crust subsidence in fold belts:the Urals, Appalachians and Scandinavian Caledonides[J]. Tectonophysics, 1983, 100(1-3):5-42.

AUSTRHEIM H. The granulite-eclogite facies transition: a comparison of experimental work and a natural occurrence in the Bergen Arcs, western Norway[J]. Lithos, 1990, 25(1-3):163-169.

BARRELL J. The strength of the earth's crust[J]. The Journal of Geology, 1914, 22(8):729-741.

BABUSKA V, CARA M. Seismic anisotropy in the earth[M]. Berlin:Springer Science & Business Media, 1991.

BENZ H M, UNGER J D, LEITH W S, et al. Deep-seismic sounding in northern Eurasia[J]. Eos, Transactions American Geophysical Union, 1992, 73(28):297-300.

BIRD P. An updated digital model of plate boundaries[J]. Geochemistry, Geophysics, Geosystems, 2003, 4(3):1-52.

BISWAS N N. Earth-flattening procedure for the propagation of Rayleigh wave[J]. Pure and Applied Geophysics, 1972, 96(1):61-74.

BOSTOCK M G. Seismic imaging of lithospheric discontinuities and continental evolution[J]. Lithos, 1999, 48(1-4):1-16.

BOWERS D, MARSHALL P D, DOUGLAS A. The level of deterrence provided by data from the SPITS seismometer array to possible violations of the Comprehensive Test Ban in the Novaya Zemlya region[J]. Geophysical Journal International, 2001, 146(2):425-438.

BOYD F R. Compositional distinction between oceanic and cratonic lithosphere[J]. Earth and Planetary Science Letters, 1989, 96(1-2):15-26.

BRAILE L W, CHIANGL C S. The continental Mohorovi č i č Discontinuity:results from near-vertical and wide-angle seismic reflection studies[M]//Reflection Seismology: A Global Perspective. Washington, D. C.:American Geophysical Union, 1986:257-272.

BURMAKOV J A, CHERNYSHEV N M, VINNIK L P, et al. Comparative characteristics of the lithosphere of the Russian platform, the west Siberian platform and the Siberian platform from seismic observations on long-range profiles[M]//Proterozic Lithospheric Evolution. Washington, D. C.:American Geophysical Union, 1987:175-189.

Č ERVEN Ý V, PŠEN Č ÍK I. SEIS 83-numerical modelling of seismic wave fields in 2-D laterally varying layered structure by the ray method[M]. In: Engdahl E R, ed. Documentation of Earthquake Algorithm. Boulder Colo Rep: World Data Center for Solid Earth Geophysical, 1984, SE-35: 36-40.

Č ERVEN Ý V, KLIMEŠ L, PŠEN Č ÍK I. Paraxial ray approximations in the computation of seismic wavefields in inhomogeneous media[J]. Geophysical Journal International, 1984, 79(1):89-104.

Č ERVEN Ý V, POPOV M M, PŠEN Č ÍK I. Computation of wave fields in inhomogeneous media—

Gaussian beam approach[J]. Geophysical Journal International, 1982, 70(1):109-128.

Č ERVEN Ý V. Ray theoretical seismograms for laterally inhomogeneous structures[J]. Geophysics: 1979, 46: 335-342.

CHEN L, TAO W, ZHAO L, et al. Distinct lateral variation of lithospheric thickness in the Northeastern North China Craton[J]. Earth and Planetary Science Letters, 2008, 267(1-2): 56-68.

CHEN L. Concordant structural variations from the surface to the base of the upper mantle in the North China Craton and its tectonic implications[J]. Lithos, 2010, 120(1-2):96-115.

CHEN L, JIANG M M, YANG J H, et al. Presence of an intralithospheric discontinuity in the central and western North China Craton: Implications for destruction of the craton[J]. Geology: 2014, 42(3):223-226.

CHIANG A, ICHINOSE G A, DREGER D S, et al. Moment tensor source-type analysis for the democratic People's republic of Korea - declared nuclear explosions (2006—2017) and 3 September 2017 collapse event[J]. Seismological Research Letters, 2018, 89(6):2152-2165.

CHRISTENSEN N I, MOONEY W D. Seismic velocity structure and composition of the continental crust: A global view[J]. Journal of Geophysical Research: Solid Earth: 1995, 100(B6): 9761-9788.

CLAUSER C, HUENGES E. Thermal conductivity of rocks and minerals[M]. In: Ahrens T J. (Ed.), Rock Physics & Phase Relations: A Handbook of Physical Constants, American Geophysical Union, 1995, 105-126.

COHEN G, JOLY P, TORDJMAN N. Construction and analysis of higher-order finite elements with mass lumping for the wave equation[M]. In: Kleinman R (Ed.), Proceedings of the 2nd International Conference on Mathematical and Numerical Aspects of Wave Propagation: 1993, 152-160.

CONNOLLY J A D, KERRICK D M. Metamorphic controls on seismic velocity of subducted oceanic crust at 100-250 km depth[J]. Earth and Planetary Science Letters, 2002, 204(1-2):61-74.

DAVIES J H. Global map of solid Earth surface heat flow[J]. Geochemistry, Geophysics, Geosystems, 2013, 14(10):4608-4622.

DAVE R, LI A B. Destruction of the Wyoming craton: seismic evidence and geodynamic processes[J]. Geology, 2016, 44(11):883-886.

DEUSS A, WOODHOUSE J H. The nature of the Lehmann discontinuity from its seismological Clapeyron slopes[J]. Earth and Planetary Science Letters, 2004, 225(3-4):295-304.

DUAN Y H, WANG F Y, ZHANG X K, et al. Three-dimensional crustal velocity structure model of the middle-eastern North China Craton (HBCrust1.0)[J]. Science China Earth Sciences, 2016, 59(7):1477-1488.

DUEKER K G, SHEEHAN A F. Mantle discontinuity structure from midpoint stacks of converted P to S waves across the Yellowstone hotspot track[J]. Journal of Geophysical Research: Solid Earth, 1997, 102(B4):8313-8327.

DZIEWONSKI A M, HAGER B H, O'CONNELL RJ. Large-scale heterogeneities in the lower mantle

[J]. Journal of Geophysical Research: 1977, 82: 239-255.

DZIEWONSKI A M, ANDERSON D L. Preliminary reference Earth model[J]. Physics of the Earth and Planetary Interiors, 1981, 25(4):297-356.

EGORKIN A V. Evidence for 520-km discontinuity[M]//Upper Mantle Heterogeneities from Active and Passive Seismology. Dordrecht:Springer Netherlands, 1997:51-61.

EGORKIN A V, CHERNYSHOV N. Peculiarities of mantle waves from long-range profiles[J]. Journal of Geophysics:1983, 54: 30- 34.

EGORKIN A V, ZIUGANOV S, CHERNYSHEV N. The upper mantle of Siberia [C]. Mezhdunarodnyj geologicheskij kongress. 27, 1984: 68-70.

EGORKIN A V, ZUGANOV S K, PAVLENKOVA N A, et al. Results of lithospheric studies from long-range profiles in Siberia[J]. Tectonophysics, 1987, 140(1):29-47.

FARRA V, VINNIK L. Upper mantle stratification by P and S receiver functions[J]. Geophysical Journal International, 2000, 141(3):699-712.

FAUL U H, JACKSON I. The seismological signature of temperature and grain size variations in the upper mantle[J]. Earth and Planetary Science Letters, 2005, 234(1-2):119-134.

FORD H A, FISCHER K M, ABT D L, et al. The lithosphere-asthenosphere boundary and cratonic lithospheric layering beneath Australia from Sp wave imaging[J]. Earth and Planetary Science Letters, 2010, 300(3-4):299-310.

FORSYTH D W. The early structural evolution and anisotropy of the oceanic upper mantle[J]. Geophysical Journal International, 1975, 43(1):103-162.

FROST D J. The stability of Hydrous mantle phases[J]. Reviews in Mineralogy and Geochemistry, 2006, 62(1):243-271.

FUCHS K. The reflection of spherical waves from transition zones with arbitrary depth-dependent elastic moduli and density[J]. Journal of Physics of the Earth, 1968, 16(Special):27-41.

FUCHS K, MÜLLER G. Computation of synthetic seismograms with the reflectivity method and comparison with observations[J]. Geophysical Journal International, 1971, 23(4):417-433.

FUCHS K. The method of stationary phase applied to the reflection of spherical waves from transition zones with arbitrary depth-dependent elastic moduli and density[J]. Journal of Geophysics: 1971, 37(1): 89-117.

FUCHS K. Upper Mantle Heterogeneities from Active and Passive Seismology[M]. Dordrecht:Springer Netherlands, 1997.

GAHERTY J B, JORDAN T H. Lehmann discontinuity as the base of an anisotropic layer beneath continents[J]. Science, 1995, 268(5216):1468-1471.

GAO S, RUDNICK R L, CARLSON R M, et al. Re-Os evidence for replacement of ancient mantle lithosphere beneath the North China Craton[J]. Earth and Planetary Science Letters, 2002, 198(3-4):307-322.

GAO S, RUDNICK R L, YUAN H L, et al. Recycling lower continental crust in the North China Craton[J]. Nature, 2004, 432(7019):892-897.

GIBBONS S J, KVÆRNA T, NÄSHOLM S P, et al. Probing the DPRK Nuclear Test Site down to Low-Seismic Magnitude[J]. Seismological Research Letters: 2018, 89(6):2034-2041.

GILBERT F, HELMBERGER D V. Generalized ray theory for a layered sphere[J]. Geophysical Journal International, 1972, 27(1):57-80.

GRIFFIN W L, WASS S Y, HOLLIS J D. Ultramafic xenoliths from bullenmerri and gnotuk maars, Victoria, Australia: petrology of a sub-continental crust-mantle transition[J]. Journal of Petrology, 1984, 25(1):53-87.

GRIFFIN W L, O'REILLY S Y, RYAN C G. The composition and origin of sub-continental lithospheric mantle[M]. In: Fei Y, Berta C M, Mysen B O(eds.) Mantle Petrology: Field Observations and High-Pressure Experimentation. A Tribute to France R. (Joe) Boyd. Special Publication Houston: Geochemical Society: 1999, 13-46.

GRIFFIN W L, KOBUSSEN A F, BABU E V S S K, et al. A translithospheric suture in the vanished 1-Ga lithospheric root of South India: evidence from contrasting lithosphere sections in the Dharwar Craton[J]. Lithos, 2009, 112:1109-1119.

GU Y J, DZIEWONSKI A M, EKSTRÖM G. Preferential detection of the Lehmann discontinuity beneath continents[J]. Geophysical Research Letters, 2001, 28(24):4655-4658.

HACKER B R, ABERS G A, PEACOCK S M. Subduction factory 1. Theoretical mineralogy, densities, seismic wave speeds, and H2O contents[J]. Journal of Geophysical Research: Solid Earth, 2003, 108(B1):1-26.

HACKER B R, KELEMEN P B, BEHN M D. Continental lower crust[J]. Annual Review of Earth and Planetary Sciences, 2015, 43:167-205.

HALES A L. A seismic discontinuity in the lithosphere[J]. Earth and Planetary Science Letters, 1969, 7(1):44-46.

HALES A L. Upper mantle models and the thickness of the continental lithosphere[J]. Geophysical Journal International, 1991, 105(2):355-363.

HAYES G P, MOORE G L, PORTNER D E, et al. Slab2, a comprehensive subduction zone geometry model[J]. Science, 2018, 362(6410):58-61.

HE C S, SANTOSH M. Crustal evolution and metallogeny in relation to mantle dynamics: a perspective from P-wave tomography of the South China Block[J]. Lithos, 2016, 263:3-14.

HE X, ZHAO L F, XIE X B, et al. High - Precision Relocation and Event Discrimination for the 3 September 2017 Underground Nuclear Explosion and Subsequent Seismic Events at the North Korean Test Site[J]. Seismological Research Letters: 2018, 89(6):2042-2048.

HE X, ZHAO L F, XIE X B, et al. High-precision relocation and event discrimination for the 3 September 2017 underground nuclear explosion and subsequent seismic events at the north Korean test site[J]. Seismological Research Letters, 2018, 89(6):2042-2048.

HERMS P. Fluids in a 2 Ga old subduction zone deduced from eclogite-facies rocks of the Usagaran belt, Tanzania[J]. European Journal of Mineralogy, 2002, 14(2):361-373.

HERRIN E, RICHMOND J. On the propagation of the Lg phase[J]. Bulletin of the Seismological

Society of America, 1960, 50(2):197-210.

HERZBERG C T. Lithosphere peridotites of the kaapvaal craton[J]. Earth and Planetary Science Letters, 1993, 120(1/2):13-29.

HOPPER E, FORD H A, FISCHER K M, et al. The lithosphere-asthenosphere boundary and the tectonic and magmatic history of the northwestern United States[J]. Earth and Planetary Science Letters, 2014, 402:69-81.

HUANG J L, ZHAO D P. High-resolution mantle tomography of China and surrounding regions[J]. Journal of Geophysical Research: Solid Earth: 2006, 111:4813-4825.

HUGHES D S, CROSS J H. Elastic wave velocities in rocks at high pressures and temperatures[J]. GEOPHYSICS, 1951, 16(4):577-593.

IONOV D A, DOUCET L S, ASHCHEPKOV I V. Composition of the lithospheric mantle in the Siberian craton: new constraints from fresh peridotites in the udachnaya-east kimberlite[J]. Journal of Petrology, 2010, 51(11):2177-2210.

IONOV D A, LIU Z, LI J, et al. The age and origin of cratonic lithospheric mantle: Archean dunites vs. Paleoproterozoic harzburgites from the Udachnaya kimberlite, Siberian craton[J]. Geochimica et Cosmochimica Acta, 2020, 281:67-90.

IYER H M, PAKISER L C, STUART D J, et al. Project Early Rise: seismic probing of the upper mantle[J]. Journal of Geophysical Research Atmospheres, 1969, 74(17):4409-4441.

JAGOUTZ O, BEHN M D. Foundering of lower island-arc crust as an explanation for the origin of the continental Moho[J]. Nature, 2013, 504(7478):131-134.

JANIK T, KOZLOVSKAYA E, YLINIEMI J. Crust-mantle boundary in the central Fennoscandian shield: constraints from wide-anglePandSwave velocity models and new results of reflection profiling in Finland[J]. Journal of Geophysical Research: Solid Earth, 2007, 112(B4).

JIA S X, WANG F Y, TIAN X F, et al. Crustal structure and tectonic study of North China Craton from a long deep seismic sounding profile[J]. Tectonophysics, 2014, 627:48-56.

JIAN P, LIU D, KRÖNER A, et al. Evolution of a Permian intraoceanic arc-trench system in the Solonker suture zone, Central Asian Orogenic Belt, China and Mongolia[J]. Lithos, 2010, 118(1-2):169-190.

JIANG G Z, HU S B, SHI Y Z, et al. Terrestrial heat flow of continental China: updated dataset and tectonic implications[J]. Tectonophysics, 2019, 753:36-48.

JOHN T, SCHENK V. Partial eclogitisation of gabbroic rocks in a late Precambrian subduction zone (Zambia): prograde metamorphism triggered by fluid infiltration[J]. Contributions to Mineralogy and Petrology, 2003, 146(2):174-191.

JOHNSON T E, BROWN M, GARDINER N J, et al. Earth's first stable continents did not form by subduction[J]. Nature, 2017, 543(7644):239-242.

JONES A G, LEZAETA P, FERGUSON I J, et al. The electrical structure of the Slave craton[J]. Lithos, 2003, 71(2-4):505-527.

JORDAN T H. The continental tectosphere[J]. Reviews of Geophysics, 1975, 13(3):1-12.

JORDAN T H. Composition and development of the continental tectosphere[J]. Nature, 1978, 274(5671):544-548.

JULL M, KELEMEN P B. On the conditions for lower crustal convective instability[J]. Journal of Geophysical Research:Solid Earth, 2001, 106(B4):6423-6446.

KARATO S I. On the Lehmann discontinuity[J]. Geophysical Research Letters, 1992, 19(22):2255-2258.

KARATO S I, OLUGBOJI T, PARK J. Mechanisms and geologic significance of the mid-lithosphere discontinuity in the continents[J]. Nature Geoscience, 2015, 8(7):509-514.

KATZ R F, SPIEGELMAN M, LANGMUIR C H. A new parameterization of hydrous mantle melting[J]. Geochemistry, Geophysics, Geosystems, 2003, 4(9).

KAWAMOTO T, LEINENWEBER K, HERVIG R L, HOLLOWAY J R. Stability of hydrous minerals in H2O-saturated KLB-1 peridotite up to 15 GPa[M]. In: Volatiles in the Earth and Solar system. Farley KA(ed) American Institude of Physics, 1995, 229-239.

KELEMEN P B, BEHN M D. Formation of lower continental crust by relamination of buoyant arc lavas and plutons[J]. Nature Geoscience, 2016, 9(3):197-205.

KELLY K R, WARD R W, TREITEL S, et al. Synthetic seismograms: a finite-difference approach[J]. GEOPHYSICS, 1976, 41(1):2-27.

KENNETT B L N, KERRY N J. Seismic waves in a stratified half space[J]. Geophysical Journal International, 1979, 57(3):557-583.

KENNETT B L N, ENGDAHL E R. Traveltimes for global earthquake location and phase identification[J]. Geophysical Journal International, 1991, 105(2):429-465.

KIM W Y, RICHARDS P G, SCHAFF D, et al. Identification of seismic events on and near the north Korean test site after the underground nuclear test explosion of 3 September 2017[J]. Seismological Research Letters, 2018, 89(6):2120-2130..

KNOPOFF L, SCHWAB F, KAUSELT E. Interpretation of lg[J]. Geophysical Journal International, 1973, 33(4):389-404.

KOMATITSCH D, TROMP J. Introduction to the spectral element method for three-dimensional seismic wave propagation[J]. Geophysical Journal International, 1999, 139(3):806-822.

KONZETT J, WIRTH R, HAUZENBERGER C, et al. Two episodes of fluid migration in the Kaapvaal Craton lithospheric mantle associated with Cretaceous kimberlite activity: evidence from a harzburgite containing a unique assemblage of metasomatic zirconium-phases[J]. Lithos, 2013, 182/183:165-184.

KOSLOFF D D, BAYSAL E. Forward modeling by a Fourier method[J]. GEOPHYSICS, 1982, 47(10):1402-1412.

KREISS H O, OLIGER J. Comparison of accurate methods for the integration of hyperbolic equations[J]. Tellus, 1972, 24(3):199-215.

KUKKONEN I T, KUUSISTO M, LEHTONEN M, et al. Delamination of eclogitized lower crust: control on the crust-mantle boundary in the central Fennoscandian shield[J]. Tectonophysics,

2008, 457(3-4):111-127.

KUSKY T M, WINDLEY B F, WANG L, et al. Flat slab subduction, trench suction, and craton destruction:comparison of the North China, Wyoming, and Brazilian cratons[J]. Tectonophysics, 2014, 630:208-221.

LEE C T A, LUFFI P, CHIN E J. Building and destroying continental mantle[J]. Annual Review of Earth and Planetary Sciences, 2011, 39:59-90.

LEHMANN I. Velocities of longitudinal waves in the upper part of the Earth's mantle[C]. Annales de géophysique, 1959: 93.

LEHMANN I. S and the structure of the upper mantle[J]. Geophysical Journal International, 1961, 4(Supplement_1):124-138.

LEHMANN I. On the velocity of P in the upper mantle[J]. Bulletin of the Seismological Society of America, 1964, 54(4):1097-1103.

LEVANDER A, SCHMANDT B, MILLER M S, et al. Continuing Colorado plateau uplift by delamination-style convective lithospheric downwelling[J]. Nature, 2011, 472(7344): 461-465.

LEVANDER A R, HOLLIGER K. Small-scale heterogeneity and large - scale velocity structure of the continental crust[J]. Journal of Geophysical Research: Solid Earth, 1992, 97(B6): 8797-8804.

LIÉGEOIS J P, ABDELSALAM M G, ENNIH N, et al. Metacraton: Nature, genesis and behavior [J]. Gondwana Research, 2013, 23(1):220-237.

LIU D Y, NUTMAN A P, COMPSTON W, et al. Remnants of ≥3800 Ma crust in the Chinese part of the Sino-Korean craton[J]. Geology, 1992, 20(4):339-342.

LIU J L, DAVIS G A, LIN Z Y, et al. The Liaonan metamorphic core complex, Southeastern Liaoning Province, North China:a likely contributor to Cretaceous rotation of Eastern Liaoning, Korea and contiguous areas[J]. Tectonophysics, 2005, 407(1/2):65-80.

LIU J L, SHEN L, JI M, et al. The Liaonan/Wanfu metamorphic core complexes in the Liaodong Peninsula:two stages of exhumation and constraints on the destruction of the North China Craton [J]. Tectonics, 2013, 32(5):1121-1141.

LIU J Q, LI L, ZAHRADNÍK J, et al. Generalized source model of the north Korea tests 2009—2017 [J]. Seismological Research Letters, 2018, 89(6):2166-2173.

LIU Y J, LI W M, FENG Z Q, et al. A review of the Paleozoic tectonics in the eastern part of Central Asian Orogenic Belt[J]. Gondwana Research, 2017, 43:123-148.

MARSHAK S, PLUIJM B, HAMBURGER M. Preface:The tectonics of continental interiors[J]. Tectonophysics, 1999, 305(1-3):VII-X.

MARUYAMA S, ISOZAKI Y, KIMURA G, et al. Paleogeographic maps of the Japanese Islands:plate tectonic synthesis from 750 Ma to the present[J]. The Island Arc, 1997, 6(1):121-142.

MECHIE J, EGORKIN A V, FUCHS K, et al. P-wave mantle velocity structure beneath northern Eurasia from long-range recordings along the profile Quartz[J]. Physics of the Earth and Planetary Interiors, 1993, 79(1-2):269-286.

MEISSNER R, MOONEY W. Weakness of the lower continental crust: a condition for delamination, uplift, and escape[J]. Tectonophysics, 1998, 296(1-2):47-60.

MENG F C, AI Y D, XU T, et al. Lithospheric structure beneath the boundary region of North China Craton and Xing Meng Orogenic Belt from S-receiver function analysis[J]. Tectonophysics, 2021, 818:229067.

MILLER M S, EATON D W. Formation of cratonic mantle keels by arc accretion: evidence from S receiver functions[J]. Geophysical Research Letters, 2010, 37(18).

MINTROP L. 100 Jahre physiklische erdbebenforschung and sprengseismik [J]. Die Naturwissenschaften, 1947, 34:257-262.

MONTAGNER J P, ANDERSON D L. Constrained reference mantle model[J]. Physics of the Earth and Planetary Interiors, 1989, 58(2-3):205-227.

MONTAGNER J P, ANDERSON D L. Petrological constraints on seismic anisotropy[J]. Physics of the Earth and Planetary Interiors, 1989, 54(1-2):82-105.

MOONEY W D. Seismic methods for determining earthquake source parameters and lithospheric structure [M]. Geophysical Framework of the Continental United States, LC Pakiser (Ed.), 1989.

MOROZOV I B. Coda of long-range arrivals from nuclear explosions[J]. Bulletin of the Seismological Society of America, 2000, 90(4):929-939.

MOROZOVA E A, MOROZOV I B, SMITHSON S B, et al. Heterogeneity of the uppermost mantle beneath Russian Eurasia from the ultra-long-range profile quartz[J]. Journal of Geophysical Research: Solid Earth, 1999, 104(B9):20329-20348.

MURPHY J R. Types of seismic events and their source descriptions[M]. In: Husebye ES, Dainty AM (eds) Monitoring a Comprehensive Test Ban Treaty, Springer: 1996, 303.

MURPHY J R, STEVENS J L, KOHL B C, et al. Advanced seismic analyses of the source characteristics of the 2006 and 2009 north Korean nuclear tests[J]. Bulletin of the Seismological Society of America, 2013, 103(3):1640-1661.

MUSACCHIO G, WHITE D J, ASUDEH I, et al. Lithospheric structure and composition of the Archean western Superior Province from seismic refraction/wide-angle reflection and gravity modeling[J]. Journal of Geophysical Research: Solid Earth: 2004, 109(B3).

MYERS S C, FORD S R, MELLORS R J, et al. Absolute locations of the north Korean nuclear tests based on differential seismic arrival times and InSAR[J]. Seismological Research Letters, 2018, 89(6):2049-2058.

NIELSEN L, THYBO H, SOLODILOV L. Seismic tomographic inversion of Russian PNE data along profile Kraton[J]. Geophysical Research Letters, 1999, 26(22):3413-3416.

NIELSEN L, THYBO H, EGORKIN A V. Implications of seismic scattering below the 8° discontinuity along PNE profile Kraton[J]. Tectonophysics, 2002, 358(1-4):135-150.

NIELSEN L, THYBO H, LEVANDER A, et al. Origin of upper-mantle seismic scattering - evidence from Russian peaceful nuclear explosion data[J]. Geophysical Journal International, 2003, 154

(1):196-204.

NIELSEN L, THYBO H. The origin of teleseismic Pn waves: Multiple crustal scattering of upper mantle whispering gallery phases[J]. Journal of Geophysical Research:Solid Earth, 2003, 108 (B10).

NUTTLI O W. Yield estimates of Nevada Test Site explosions obtained from seismic Lg waves[J]. Journal of Geophysical Research:Solid Earth, 1986, 91(B2):2137-2151.

NYBLADE A A, POLLACK H N. A golabl analysis of heat flow from Precambrian terrains: implications for the thermal structure of Arhean amd Proterozoic lithosphere[J]. Journal of Geophysical Research, 1993, 98(B7):12207-12218.

O'NEILL C J, LENARDIC A, GRIFFIN WL, et al. Dynamics of cratons in an evolving mantle[J]. Lithos, 2008, 102(1):12-24.

O'REILLY S Y, GRIFFIN W L. Mantle metasomatism[M]//Lecture Notes in Earth System Sciences. Berlin, Heidelberg:Springer Berlin Heidelberg, 2012:471-533.

PASYANOS M E, MYERS S C. The coupled location/depth/yield problem for north Korea's declared nuclear tests[J]. Seismological Research Letters, 2018, 89(6):2059-2067.

PAVLENKOVA G A, PRIESTLEY K, CIPAR J. 2D model of the crust and uppermost mantle along rift profile, Siberian craton[J]. Tectonophysics, 2002, 355(1-4):171-186.

PAVLENKOVA G A, PAVLENKOVA N I. Upper mantle structure of the Northern Eurasia from peaceful nuclear explosion data[J]. Tectonophysics, 2006, 416(1-4):33-52.

PAVLENKOVA N I. General features of the uppermost mantle stratification from long-range seismic profiles[J]. Tectonophysics, 1996, 264(1-4):261-278.

PAVLENKOVA N I. Seismic structure of the upper mantle along the long-range PNE profiles—rheological implication[J]. Tectonophysics, 2011, 508(1-4):85-95.

PAVLENKOVA N I, PAVLENKOVA G A. The Earth's crust and upper mantle structure of the Northern Eurasia from the seismic profiling with nuclear explosions[M]. Russian Academy of Sciences Institute of Physics of the Earth, 2014, 10.

PERCHUĆ E, THYBO H. A new model of upper mantle P-wave velocity below the Baltic Shield: indication of partial melt in the 95 to 160 km depth range[J]. Tectonophysics, 1996, 253(3-4):227-245.

PRESS F, EWING M. Two slow surface waves across North America[J]. Bulletin of the Seismological Society of America, 1952, 42(3):219-228.

PRIESTLEY K, CIPAR J, EGORKIN A, et al. Upper-mantle velocity structure beneath the Siberian platform[J]. Geophysical Journal International, 1994, 118(2):369-378.

PRIESTLEY K, MKENZIE D. The thermal structure of the lithosphere from shear wave velocities[J]. Earth and Planetary Science Letters, 2006, 244(1):285-301.

RADER E, EMRY E, SCHMERR N, et al. Characterization and petrological constraints of the midlithospheric discontinuity[J]. Geochemistry, Geophysics, Geosystems, 2015, 16(10): 3484-3504.

REDDY P R, BITRAGUNTA R P, RAO V V, et al. Deep seismic reflection and refraction/wide-angle reflection studies along Kuppam-Palani transect in the southern granulite terrain of India [M]. In: Ramakrishnan M (Ed.), Tectonics of Southern Granulite Terrain, Kuppam-Palani Geotransect, . Jounal of Geological Society Memoir, 2003, 50:79-106.

REVENAUGH J, JORDAN T H. Mantle layering from ScS reverberations:3. The upper mantle[J]. Journal of Geophysical Research, 1991, 96:19, 781-19, 810.

RICHTER G R. An explicit finite element method for the wave equation[J]. Applied Numerical Mathematics, 1994, 16(1-2):65-80.

ROBINSON J A C, WOOD B J. The depth of the spinel to garnet transition at the peridotite solidus [J]. Earth and Planetary Science Letters, 1998, 164(1-2):277-284.

RODGERS A, BHATTACHARYYA J. Upper mantle shear and compressional velocity structure of the central US craton: Shear wave low-velocity zone and anisotropy[J]. Geophysical Research Letters, 2001, 28(2):383-386.

RODGERS A J, WALTER W R. Seismic discrimination of the May 11, 1998 Indian nuclear test with short-period regional data from station NIL (Nilore, Pakistan). In: Walter WR., Hartse HE. (eds) Monitoring the Comprehensive Nuclear-Test-Ban Treaty: Seismic Event Discrimination and Identification, 2002.

ROGERS J J W. A History of Continents in the past Three Billion Years[J]. The Journal of Geology, 1996, 104(1):91-107.

ROGERS J J W, SANTOSH M. Supercontinents in Earth History[J]. Gondwana Research, 2003, 6 (3):357-368.

ROSS A R, THYBO H, SOLIDILOV L N. Reflection seismic profiles of the core-mantle boundary [J]. Journal of Geophysical Research: Solid Earth, 2004, 109(B8).

ROUGIER E, PATTON H J, KNIGHT E E, et al. Constraints on burial depth and yield of the 25 May 2009 North Korean test from hydrodynamic simulations in a granite medium[J]. Geophysical Research Letters, 2011, 38(16).

RYBERG T, FUCHS K, EGORKIN A V, et al. Observation of high-frequency teleseismic P n on the long-range Quartz profile across northern Eurasia[J]. Journal of Geophysical Research: Solid Earth, 1995, 100(B9):18151-18163.

RYBERG T, WENZEL F, MECHIE J, et al. Two-dimensional velocity structure beneath northern Eurasia derived from the super long-range seismic profile Quartz[J]. Bulletin of the Seismological Society of America, 1996, 86(3):857-867.

RYBERG T, TITTGEMEYER M, WENZEL G. Finite difference modelling of P-wave scattering in the upper mantle[J]. Geophysical Journal International, 2000, 141(3):787-800.

RYCHERT C A, SHEARER P M. A global view of the lithosphere-asthenosphere boundary[J]. Science, 2009, 324(5926):495-498.

SAVAGE B, SILVER P G. Evidence for a compositional boundary within the lithospheric mantle beneath the Kalahari craton from S receiver functions[J]. Earth and Planetary Science Letters,

2008, 272(3-4):600-609.

SCHATZ J F, SIMMONS GENE. Thermal conductivity of earth materials at high temperatures[J]. 1972, 77(35):6966-6983.

SCHUELLER W, MOROZOV I B, SMITHSON S B. Crustal and uppermost mantle velocity structure of northern Eurasia along the profile Quartz[J]. Bulletin of the Seismological Society of America, 1997 87(2):414-426.

SCHUTT D L, LESHER C E. Effects of melt depletion on the density and seismic velocity of garnet and spinel lherzolite[J]. Journal of Geophysical Research: Solid Earth: 2006, 111(B5).

SELBY N D, MARSHALL P D, BOWERS D. mb:Ms Event Screening Revisited[J]. Bulletin of the Seismological Society of America, 2012, 102(1):88-97.

SELWAY K, FORD H, KELEMEN P. The seismic mid-lithosphere discontinuity[J]. Earth and Planetary Science Letters, 2015, 414:45-57.

SHANKLAND T J, O'CONNELL R J, WAFF H S. Geophysical contraints on partial melt in the upper mantle[J]. Reviews of Geophysics, 1981, 19(3):394-406.

SIMON N S C, CARLSON R W, PEARSON D G, et al. The Origin and Evolution of the Kaapvaal Cratonic Lithospheric Mantle[J]. Journal of Petrology, 2007, 48(3):589-625.

SNYDER D B, KJARSGAARD B A. Mantle roots of major Precambrian shear zones inferred from structure of the Great Slave Lake shear zone, northwest Canada[J]. Lithosphere, 2013, 5(6): 539-546.

SODOUDI F, YUAN X, KIND R, et al. Seismic evidence for stratification in composition and anisotropic fabric within the thick lithosphere of Kalahari Craton[J]. Geochemistry, Geophysics, Geosystems, 2013, 14(12):5393-5412.

STEVENS J L, O'BRIEN M. 3D Nonlinear Calculation of the 2017 North Korean Nuclear Test[J]. Seismological Research Letters, 2018, 89(6):2068-2077.

SUN J M, XU Q H, LIU W M, et al. Palynological evidence for the latest Oligocene-early Miocene paleoelevation estimate in the Lunpola Basin, central Tibet[J]. Palaeogeography Palaeoclimatology Palaeoecology, 2014, 399:21-30.

SUN W J, FU L Y, SAYGIN E, et al. Insights into layering in the cratonic lithosphere beneath Western Australia[J]. Journal of Geophysical Research:Solid Earth, 2018, 123(2):1405-1418.

SUN W J, ZHAO L, YUAN H Y, et al. Sharpness of the Midlithospheric Discontinuities and Craton Evolution in North China[J]. Journal of Geophysical Research:Solid Earth, 2020, 125(9).

TANG Y J, ZHANG H F, YING J F, et al. Refertilization of ancient lithospheric mantle beneath the central North China Craton:evidence from petrology and geochemistry of peridotite xenoliths[J]. Lithos, 2008, 101(3-4):435-452.

TANG Y J, ZHANG H F, SANTOSH M, et al. Differential destruction of the North China Craton: a tectonic perspective[J]. Journal of Asian Earth Science, 2013a, 78:71-78.

TANG Y J, ZHANG H F, YING J F, et al. Highly heterogeneous lithospheric mantle beneath the Central Zone of the North China Craton evolved from Archean mantle through diverse melt refertilization[J]. Gondwana Research, 2013b, 23:130-140.

TANG Y J, YING J F, ZHAO Y P, et al. Nature and secular evolution of the lithospheric mantle beneath the North China Craton[J]. Science China Earth Sciences, 2021, 64(9):1492-1503.

TAYLOR S R, VELASCO A A, HARTSE H E, et al. Amplitude Corrections for Regional Seismic Discriminants[J]. Pure and Applied Geophysics, 2002, 159:623-650.

TENG J W, YAO H, ZHOU H N. Crustal structure in the Beijing-Tianjin-Tangshan-Zhangjiakou region[J]. Acta Geophysica Sinica (in Chinese), 1979, 22(3):218-235.

TENG J W, ZHANG Z J, ZHANG X K, et al. Investigation of the Moho discontinuity beneath the Chinese mainland using deep seismic sounding profiles[J]. Tectonophysics, 2013, 609: 202-216.

TEYSSIER C, FERRÉ E C, WHITNEY D L, et al. Flow of partially molten crust and origin of detachments during collapse of the Cordilleran orogeny[J]. Geological Society London Special Publication, 2005, 254:39-64.

THOMSON W T. Transmission of elastic waves through a stratified solidmedium[J]. Journal of Applied Physics, 1950, 21(2):89-93.

THYBO H, PERCHUĆ E. The Seismic 8° Discontinuity and Partial Melting in Continental Mantle [J]. Science, 1997, 275(5306):1626-1629.

THYBO H, PERCHUĆ E, PAVLENKOVA N. Two reflectors in the 400 km depth range revealed from peaceful nuclear explosion seismic sections, Upper Mantle Heterogeneities from Active and Passive Seismology, Springer, 1997, 17:97-103.

THYBO H. The heterogeneous upper mantle low velocityzone[J]. Tectonophysics, 2006, 416(1-4): 53-79.

TIAN Y, ZHAO D P. Destruction mechanism of the North China Craton: Insight from P and S wave mantle tomography[J]. Journal of Asian Earth Sciences, 2011, 42:1132-1145

TIAN Y, ZHAO D P. Reactivation and mantle dynamics of North China Craton: insight from P-wave anisotropy tomography[J]. Geophysical Journal International, 2013, 195(3):1796-1810.

TIREL C, BRUN J P, BUROV E. Dynamics and structural development of metamorphic core complexes[J]. Geophysical Research Letters, 2008, 113:B04403.

VIDALE J E, BENZ H M. Upper-mantle seismic discontinuities and the thermal structure of subduction zones[J]. Nature, 1992, 356(6371):678-683.

VINNIK L P, FOULGER G R, DU Z. Seismic boundaries in the mantle beneath Iceland: a new constraint on temperature[J]. Geophysical Journal International, 2005, 160(2):533-538.

VIRIEUX J. SH-wave propagation in heterogeneous media: Velocity-stress finite-difference method [J]. Geophysics, 1984, 49(11):1933-1942.

WALTER W R, MAYEDA K. and Patton H. J. Phases and spectral ratio discrimination between NTS earthquake and explosions Part 1: Empirical observations [J]. Bulletin of the Seismological Society of America, 1995, 85, 1050-1067.

WALTER W R, DODGE D A, ICHINOSE G, et al. Body-Wave Methods of Distinguishing between

Explosions, Collapses, and Earthquakes: Application to Recent Events in North Korea[J]. Seismological Research Letters, 2018, 89(6):2131–2138.

WANG J, WU H H, ZHAO D P. P wave radial anisotropy tomography of the upper mantle beneath the North China Craton[J]. Geochemistry Geophysics, Geosystems, 2014, 15(6):2195–2210.

WANG Q, BAGDASSAROV N, XIA Q K, et al. Water contents and electrical conductivity of peridotite xenoliths from the North China Craton: Implications for water distribution in the upper mantle[J]. Lithos, 2014, 189:105–126.

WANG Y, CHEN S H. Lithospheric thermal structure and rheology of the eastern China[J]. Journal of Asian Earth Sciences, 2012, 47:51–63.

WEI Z G, CHEN L, LI Z W. et al. Regional variation in Moho depth and Possion's ratio beneath eastern China and its tectonic implications[J]. Journal of Asian Earth Sciences, 2016, 115: 308–320.

WEN L X, LONG H. High–precision Location of North Korea's 2009 Nuclear Test[J]. Seismological Research Letters, 2010, 81(1):26–29.

WIDESS M B. Quantifying resolving power of seismicsystems[J]. Geophysics, 1982, 47(8): 1160–1173.

WILDE S A. Final amalgamation of the Central Asian Orogenic Belt in NE China: Paleo–Asian Ocean closure versus Paleo–Pacific plate subduction–A review of the evidence[J]. Tectonophysics, 2015, 662:345–362.

WIRTH E A, LONG M D. A contrast in anisotropy across mid–lithospheric discontinuities beneath the central United States–A relic of craton formation[J]. Geology, 2014, 42(10):851–854.

WÖLBERN I, RÜMPKER G, LINK K, et al. Melt infiltration of the lower lithosphere beneath the Tanzania craton and the Albertine rift inferred from S receiver functions[J]. Geochemistry Geophysics Geosystems, 2012, 13(8).

WYLLIE P J. Discussion of recent papers on carbonated peridotite, bearing on mantle metasomatism and magmatism[J]. Earth and Planetary Science Letters, 1987, 82:391–397.

WYLLIE P J, BAKER M B, WHITE B S. Experimental boundaries for the origin and evolution of carbonatites[J]. Lithos, 1990, 26:3–19.

XIA B, THYBO H, ARTEMIEVA I M. Seismic crustal structure of the North China Craton and surrounding area: Synthesis and analysis[J]. Journal of Geophysical Research: Solid Earth, 2017, 122(7):5181–5207.

XIA B, THYBO H, ARTEMIEVA I M. Lithosphere Mantle Density of the North China Craton[J]. Journal of Geophysical Research:Solid Earth, 2020, 125(9):e2020JB020296.

XIA Q K, HAO Y T, LI P, et al. Low water content of the Cenozoic lithospheric mantle beneath the eastern part of the North China Craton[J]. Journal of Geophysical Research:Solid Earth: 2010, 115:B07207.

XIA Q K, LIU J, LIU S C, et al. High water content in Mesozoic primitive basalts of the North China Craton and implications on the destruction of cratonic mantle lithosphere[J]. Earth and Planetary

Science Letters, 2013, 361: 85-97.

XIAO W J, WINDLEY B F, HAO J, et al. Accretion leading to collision and the Permian Solonker suture, Inner Mongolia, China: Termination of the central Asian orogenic belt[J]. Tectonics, 2003, 22:1069.

XIAO Y, ZHANG H F, FAN W M, et al. Evolution of lithospheric mantle beneath the Tan-Lu fault zone, eastern North China Craton: evidence from petrology and geochemistry of peridotite xenoliths[J]. Lithos, 2010, 117:229-246.

XIE X B, ZHAO L F. The seismic characterization of North Korea underground nuclear tests[J]. Chinese Journal of Geophysics (in Chinese), 2018, 61(3):889-904.

XU Y G, MERCIER J C C, MENZIES M A, et al. K-rich glass-bearing wehrlite xenoliths from Yitong, Northeastern China: petrological and chemical evidence for mantle metasomatism[J]. Contributions to Mineralogy and Petrology, 1996, 125(4):406-420.

XU Y G. Thermo-tectonic destruction of the archaean lithospheric keel beneath the sino-korean craton in china: evidence, timing and mechanism[J]. Physics and Chemistry of the Earth, Part A: Solid Earth and Geodesy, 2001, 26(9):747-757.

YAO J Y, TIAN D D, LU Z, et al. Triggered Seismicity after North Korea's 3 September 2017 Nuclear Test[J]. Seismological Research Letters, 2018, 89(6):2085-2093.

YAO Z X, HARKRIDER D G. A generalized reflection-transmission coefficient matrix and discrete wavenumber method for synthetic seismograms[J]. Bulletin of the Seismological Society of America, 1983, 73(6A):1685-1699.

YEGORKIN A V, PAVLENKOVA N I. Studies of mantle structure of U. S. S. R. territory on long-range seismic profiles[J]. Physics of the Earth and Planetary Interiors, 1981, 25(1):12-26.

YING J F, ZHANG H F, KITA N, et al. Nature and evolution of Late Cretaceous lithospheric mantle beneath the eastern North China Craton: Constraints from petrology and geochemistry of peridotitic xenoliths from Jünan, Shandong Province, China[J]. Earth and Planetary Science Letters, 2006, 244:622-638.

YUAN H Y, ROMANOWICZ B. Lithospheric layering in the North American craton[J]. Nature, 2010, 466(7310):1063-1068.

ZANDT G, GILBERT H, OWENS T J, et al. Active foundering of a continental arc root beneath the southern Sierra Nevada in California[J]. Nautre, 2004, 431(7004):41-46.

ZELT C A, SMITH R B. Seismic traveltime inversion for 2-D crustal velocity structure[J]. Geophysical Journal International, 1992, 108(1):16-34.

ZELT C A. Modelling strategies and model assessment for wide-angle seismic traveltimedata[J]. Geophysical Journal International, 1999, 139(1):183-204.

ZENG R S, GAN R J. Reflected waves from crustal interface in western Qaidam Basin[J]. Acta Geophysica Sinica, 1961, 10(1):120-125.

ZHANG H F, SUN M. Geochemistry of Mesozoic basalts and mafic dikes, southeastern North China Craton, and tectonic implications[J]. International Geology Review, 2002, 44:370-382.

ZHANG Z J, DENG Y F, TENG J W, et al. An overview of the crustal structure of the Tibetan plateau after 35 years of deep seismic soundings[J]. Journal of Asian Earth Science, 2011, 40(4):977-89.

ZHANG Z J, KLEMPERER S L. West-east variation in crustal thickness in northern Lhasa block, central Tibet, from deep seismic sounding data[J]. Journal of Geophysical Research, 2005, 110(B9).

ZHAO D P, LEI J S, TANG R Y. Origin fo the Changbai intraplate volcanism in Northeastern China: evidence from seismic tomography[J]. Chinese Science Bulletin, 2004, 49:1401-1408.

ZHAO D P. Seismic imaging of Northwest Pacific and East Asia: new insight into volcanism, seismogenesis and geodynamics[J]. Earth Science Reviews, 2021, 214.

ZHAO G C, WILDE S A, CAWOOD P A, et al. Thermal Evolution of Archean Basement Rocks from the Eastern Part of the North China Craton and Its Bearing on Tectonic Setting[J]. International Geology Review, 1998, 40(8):706-721.

ZHAO G C, WILDE S A, CAWOOD P A, et al. Archean blocks and their boundaries in the North China Craton: lithological, geochemical, structural and P-T path constraints and tectonic evolution[J]. Precambrian Research, 2001, 107:45-73.

ZHAO G C, SUN M, WILDE S A, et al. Late Archean to Paleoproterozoic evolution of the North China Craton:key issues revisited[J]. Precambrian Research, 2005, 136:177-202.

ZHAO G C, CAWOOD P A, LI S Z, et al. Amalgamation of the North China Craton:key issues and discussion[J]. Precambrian Research, 2012, 222-223:55-76.

ZHAO L, ZHENG T Y. Using shear wave splitting measurements to investigate the upper mantle anisotropy beneath the North China Craton:Distinct variation from east to west[J]. Geophysical Research Letters, 2005, 32(10).

ZHAO L, ZHENG T Y. Complex upper-mantle deformation beneath the North China Craton: implications for lithospheric thinning[J]. Geophysical Journal International, 2007, 170: 1095-1099.

ZHAO L, ALLEN R M, ZHENG T Y, et al. Reactivation of an Archean craton:Constraints from P- and S-wave tomography in North China[J]. Geophysical Research Letters, 2009, 36(17).

ZHAO L, ZHENG T Y, LU G. Distinct upper mantle deofrmation of cratons in response to subduction:constraints from SKS wave splitting measurements in eastern China[J]. Gondwana Research, 2013, 23:39-53.

ZHAO L F, XIE X B, WANG W M, et al. Regional Seismic Characteristics of the 9 October 2006 North Korean Nuclear Test[J]. Bulletin of the Seismological Society of America, 2008, 98(6): 2571-2589.

ZHAO L F, XIE X B, WANG W M, et al. Crustal Lg attenuation within the North China Craton and its surrounding regions[J]. Geophysical Journal International, 2013, 195:513-531.

ZHAO L F, XIE X B, TIAN B F, et al. Pn wave geometrical spreading and attenuation in Northeast China and the Korean Peninsula constrained by observations from North Korean nuclear explosions

[J]. Journal of Geophysical Research:Solid Earth, 2015, 120(11): 7558-7571.

ZHAO L F, XIE X B, WANG W M, et al. Seismological investigation of the 2016 January 6 North Korean underground nuclear test[J]. Geophysical Journal International, 2016, 206(3):1487-1491.

ZHENG J P, O'REILLY S Y, GRIFFIN W L, et al. Relict refractory mantle beneath the eastern North China block:significance for lithosphere evolution[J]. Lithos, 2001, 57(1):43-66.

ZHENG T Y, CHEN L, ZHAO L, et al. Crust-mantle structure difference across the gravity gradient zone in North China Craton:seismic image of the thinned continental crust[J]. Physics of the Earth and Planetary Interiors, 2006, 159:43-58.

ZHENG T Y, HE Y M, YANG J H, et al. Seismological constraints on the crustal structures generated by continental rejuvenation in northeastern China[J]. Scientific reports, 2015, 5: 14995-14995.

ZHU G, LIU G S, NIU M L, et al. Syn-collisional transform faulting of the Tan-Lu fault zone, East China[J]. International Journal of Earth Sciences, 2009, 98(1):135-155.

ZHU G, JIANG D, ZHANG B, et al. Destruction of the eastern North China Craton in a backarc setting:Evidence from crustal deformation kinematics[J]. Gondwana Research, 2012, 22(1):86-103.

ZHU L P, KANAMORI H. Moho depth variation in southern California from teleseismic receiver functions[J]. Journal of Geophysical Research:Solid Earth, 2000, 105(B2):2969-2980.

ZHU R X, ZHENG T Y. Destruction geodynamics of the North China craton and its Paleoproterozoic plate tectonics[J]. Chinese Science Bulletin, 2009, 54(19):3354.

ZHU R X, CHEN L, WU F Y, et al. Timing, scale and mechanism of the destruction of the North China Craton[J]. Science China Earth Sciences, 2011, 54(6):789-797.

ZORIN Y A. Geodynamics of the western part of the Mongolia Okhotsk collisional belt, Trans-Baikal region (Russia) and Mongolia[J]. Tectonophysics, 1999, 306:33-56.

图书在版编目(CIP)数据

中朝克拉通东部壳幔结构：来自核爆地震资料的约束／张晓青等著．—长沙：中南大学出版社，2023．3

ISBN 978-7-5487-4474-0

Ⅰ．①中… Ⅱ．①张… Ⅲ．①克拉通—地壳构造—研究—中国、朝鲜 Ⅳ．①P313．2

中国版本图书馆 CIP 数据核字(2023)第 024956 号

中朝克拉通东部壳幔结构：来自核爆地震资料的约束

ZHONGCHAO KELATONG DONGBU QIAOMAN JIEGOU：LAIZI HEBAO DIZHEN ZILIAO DE YUESHU

张晓青　徐　涛　白志明　陈立春　著

□**出 版 人**　吴湘华
□**责任编辑**　刘小沛
□**责任印制**　唐　曦
□**出版发行**　中南大学出版社
　　社址：长沙市麓山南路　　邮编：410083
　　发行科电话：0731-88876770　　传真：0731-88710482
□**印　　装**　长沙鸿和印务有限公司

□**开　　本**　710 mm×1000 mm　1/16　□**印张** 8　□**字数** 156 千字
□**互联网+图书　二维码内容**　图片 22 张　字数 1 千字
□**版　　次**　2023 年 3 月第 1 版　□**印次** 2023 年 3 月第 1 次印刷
□**书　　号**　ISBN 978-7-5487-4474-0
□**定　　价**　56.00 元